アスパラガス
採りっきり栽培

元木 悟＝著

小さく稼ぐ
新技術

農文協

「採りっきり栽培」株養成の経過
（神奈川県川崎市麻生区黒川地区のモデル圃場：定植3月中旬）

①定植2.5か月後（5月31日）

（①～⑤田口巧）

②定植4か月後（7月10日）

3段に張った倒伏防止のネットの下段（50cm）を超えてぐんぐんと成長中

③定植5か月後（8月7日）

倒伏防止ネットの2段目を超えた

④定植5.5か月後（8月25日）

倒伏防止ネットの最上段の150cmに達している

⑤定植８か月後（11月７日）　⑥定植9.5か月後（12月末）

（蕪野有貴）

順調に黄化が進むと鮮やかな黄色に変わる。同化養分が根株へ転流している証拠

（川崎智弘）

（田口巧）

翌年４月上旬の萌芽の様子。力強い根株の力で次々と萌芽する若茎を採りきるのがこの栽培法。ムラサキアスパラガスは直売所での人気が高いため「採りっきり栽培」で挑戦したい

セル成型苗の早植えが力強い根株育成の第一歩

セル成型苗定植32日後の圃場の様子
（2018年4月20日、千葉県成田市）

「採りっきり栽培」の根株

栽培後に掘り上げ、定植時期と根株の大きさを比べてみた

(蕪野有貴)

右から前年の定植月(2～6月)の順。根株は早く植えた方が大きい。(2016年6月、千葉県君津市)

(長山弥生)

右から前々年および前年の定植月(12～4月)の順。2月定植株は3月および4月定植株に比べて地下部が重く、貯蔵根数が増えたが、12月と1月定植では、低温によって若干の生育遅延がみられた。(2018年5月、神奈川県川崎市)

(長山弥生)

右から前年の定植月(3～8月)の順。株養成期間が長い株では、地下部が重く、貯蔵根数が増えた。6～8月の定植株は、3～5月の定植株に比べて根株が小さい。(2018年5月、神奈川県川崎市)

定植時期による生育の違い

①6月下旬（神奈川県川崎市）

（①～③田口巧）

2月定植株（上）と5月定植株（下）の比較。6月下旬時点における生育量の差は歴然

②7月下旬

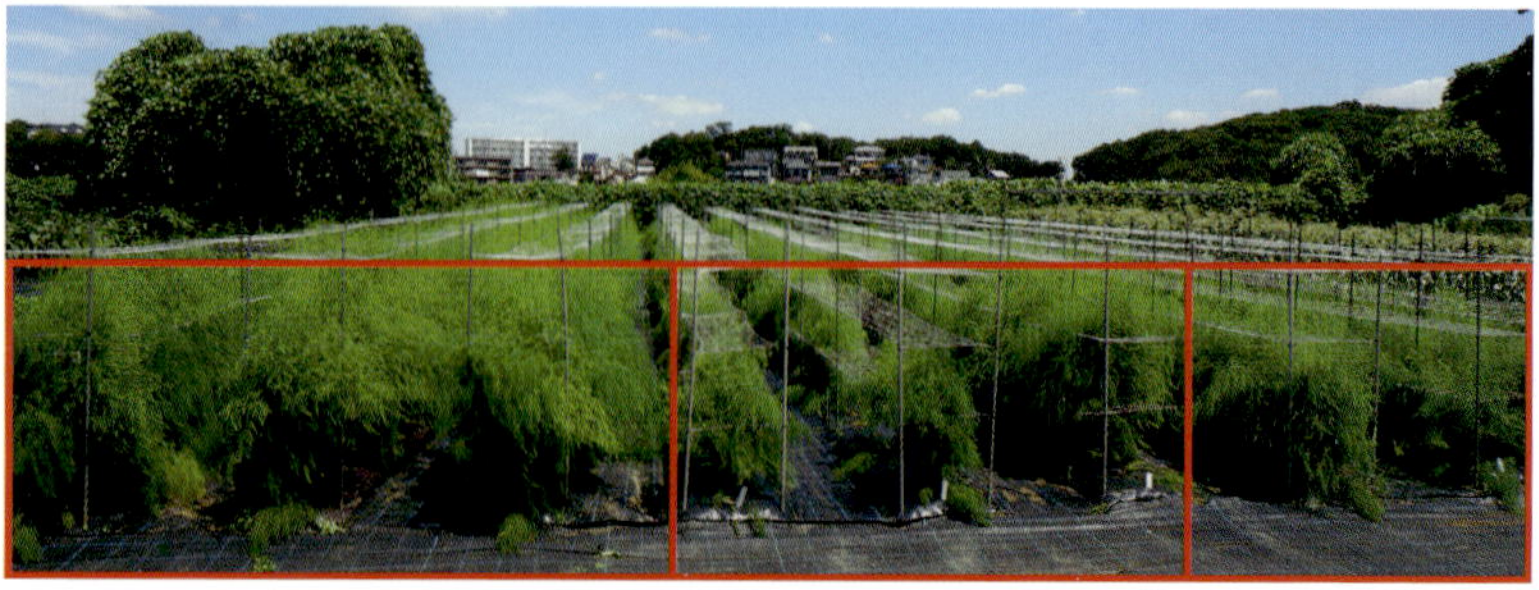

赤枠で囲んだうち、左が2月定植株、中央が3月定植株、右が4月および5月定植株。遅い定植の株もだいぶ生育が進んだが、これだけの差がある

③9月26日

上が2月定植株、下が4月および5月定植株（黄枠内は4月定植株）。養成茎の直径、茎数の差が大きい

「採りっきり栽培」でとくに注意すべき病害

茎枯病

（田口巧）

左：養成茎に水浸状の小班が現れた。こうなる前に殺菌剤で抑えたい
右：さらに進むと、表面に黒い小粒の柄子殻を伴った紡錘形の灰白色から茶褐色の病斑を形成する

（田口巧）

左：紡錘形の病斑が養成茎を取り巻くように拡大したら、被害茎を抜きとり、圃場外に持ち出して処分するしかない
右：養成茎全体に広がった病斑。ほかの茎にも二次感染する

斑点病

擬葉（ぎ葉）に現れた斑点病の病斑。赤褐色で紡錘形の小型病斑が、茎や葉に多数形成される。病斑はやがて灰褐色に退色して周囲が黄褐色になる

褐斑病

（加藤綾夏）

擬葉に現れた褐斑病の病斑。斑点病に類似している。周囲が赤褐色で、そのなかは灰色、中央に黒色の小型病斑が形成される

まえがき

最近、野菜の高騰がニュースになることがあります。そもそも農業生産は季節や天候に左右されるものですが、近年では、野菜も異常気象や天候不順の影響を受けることが多くなっています。野菜の安定供給を目指し、新しい品種や栽培法の研究開発が進められていますが、私たち明治大学農学部野菜園芸学研究室でもさまざまな取り組みを行なっています。そのなかには画期的と評価され、全国に広がる栽培法も生まれています。

近年、成果をあげている栽培法の一つがアスパラガスの「採りっきり栽培」です。その詳細については本書で述べますが、これまでは何年も同じ畑で栽培していたアスパラガスを、1年間株養成し、翌春に萌芽した若茎をすべて採りきってしまうというまったく新しい栽培法です。定植の翌年には、同じ圃場で別の作物が栽培できます。

この栽培法は、露地栽培で病害を回避でき、省力化が図れることから関心を集めています。2016年に生産者や指導者、流通業者などの皆さまを招いたセミナーで公表して以来、これまでアスパラガス栽培が行なわれてこなかった地域でも試作が始まっています。

たとえば神奈川県川崎市や東京都多摩市では、さまざまな野菜が栽培されるなかに、「採りっきり栽培」でアスパラガスをとり入れました。直売所で販売したところ、お客さまの間で大好評となり、栽培の仲間が増え始めています。従来からの産地のような規模はなくても、少量多品目生産のなかにピタッと収まる野菜として注目されているのです。

本書のサブタイトルは「小さく稼ぐ新技術」としましたが、ちょうど都市近郊のような、生産者の皆さまの工夫がダイレクトに消費者に伝わるようなところでこそ、この栽培法は羽ばたけるのではないかという気持ちを込めました。

私たちの研究室では、毎年数回のセミナーを開催し、参加者の皆さまと研究成果や課題などを共有して質問や意見を受け止め、それを基に研究を深めるべく、さまざまな自治体や企業、研究機関などとの共同研究も進めています。採りっきり栽培を全国各地の生産者の皆さまに体験してもらい、そこで得られた課題を私たちの研究室に持ち帰ってさらに検討する、そうした作業を繰り返すことで、真に役立つ栽培法として育てあげているところです。

近い将来、全国各地でブランド化した採りっきり栽培のアスパラガスが市場に登場するかもしれません。本書がその一助となれば幸いです。

２０１９年１月　元木　悟

カラーページ
まえがき　1

I　新栽培法「採りっきり栽培」とは？

II　「採りっきり栽培」のポイント

III 「採りっきり栽培」の実際

I

新栽培法「採りっきり栽培」とは？

1 株養成の翌年、すべてを採りきる

アスパラガスは土壌適応性が広く、全国各地で栽培されているが、収穫と株の維持および養成のバランスをとるのがむずかしいため、生産者や作型によって収量差が大きく、栽培管理の優劣が問われる野菜である。

アスパラガスの栽培においては、求められる栽培技術の高さ、病害虫や連作障害、労力、輸入品との競合、端境期の供給不足など、さまざまな問題がある。たとえば、10～20年程度継続して毎年若茎を収穫する従来の露地栽培では、2年株以降になると病気が蔓延し、栽培しにくくなる。そのため、暖地や温暖地、寒冷地などではおもにハウスで栽培されているが、栽培を始めるには施設費がかかる。

表1　従来の露地栽培と新栽培法「採りっきり栽培」との比較

メリットとデメリットの比較

	従来の露地栽培	採りっきり栽培	従来の露地栽培	採りっきり栽培
株養成	通常10～15年程度、毎年立茎を繰り返し、長期的に株を育てる	1年だけ株を育て、毎年株を植え替える 早期定植によって生育期間を確保（総収量・太ものの収量増加）	病害虫防除がむずかしい	長期管理不要
収　穫	初年度は我慢（約1週間のみ収穫可）。本格的な収穫は3年目から	初年度の株養成だけで、翌春採りきる	勝負は3年目から	初心者でも取り組みやすい
管　理	栽培期間中（10～15年間）は徹底した病害虫防除が必要（おもに茎枯病、斑点病）。とくに2年目からは注意が必要	採りきったら、株をすき込むため、病害虫が定着する前に栽培終了	手間暇がかかる	防除にかかる経費節減
設　備	暖地や温暖地ではハウス栽培が必須	暖地や温暖地でも露地栽培が可能	設備投資に費用がかかる	設備投資削減

〈従来の露地栽培〉

1～2年目　育苗 ⇨ 定植 ⇨ 株養成 ⇨ 養分転流 ⇨ 収穫……

2年目以降　……株養成 ⇨ 養分転流 ⇨ 収穫……

10～15年後　……株養成 ⇨ 養分転流 ⇨ 収穫 ⇨ 株廃棄

〈採りっきり栽培〉

毎年　育苗 ⇨ 定植 ⇨ 株養成 ⇨ 養分転流 ⇨ 収穫 ⇨ 株すき込み

図1　従来の露地栽培と「採りっきり栽培」の栽培経過

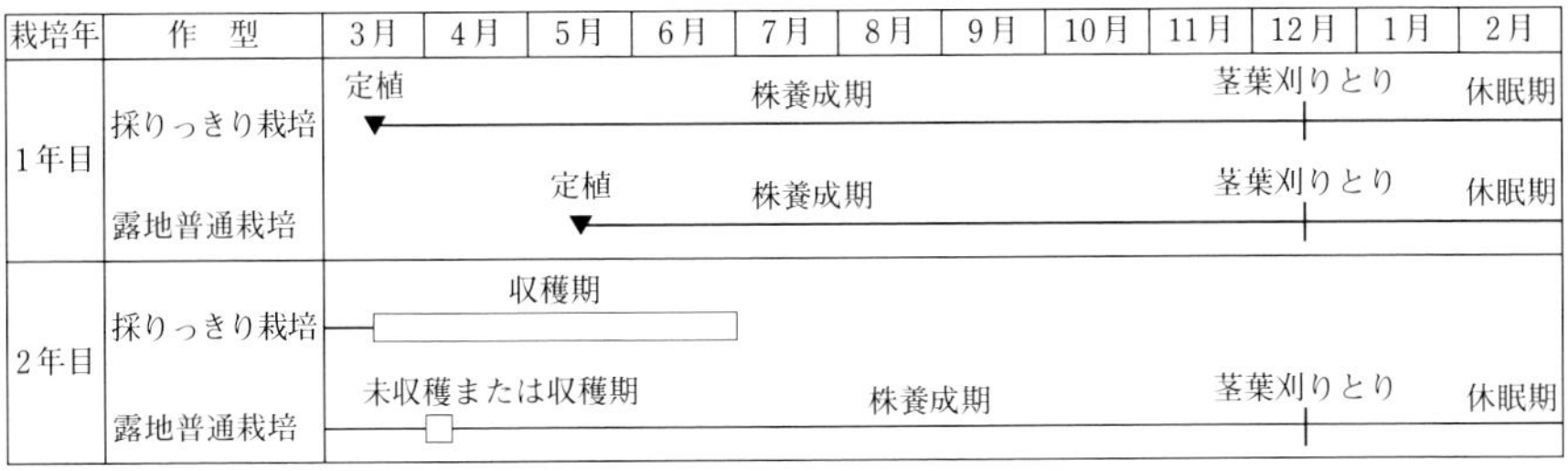

図2　株養成期および収穫期間の比較

そうした課題を解決するために開発されたのが、露地栽培の新たな作型である「採りっきり栽培」である。

従来の露地栽培では、一般に凍霜害の心配がなくなる5～6月ごろに苗を定植し、1年目の晩秋または冬まで株養成のみを行ない、1年後または2年後に収穫を始めるが、収穫始めは収穫量を抑えて再び株養成し、1年ごとに収穫量を増やしていくということを毎年行ない、10～20年程度栽培を続ける。

伏せ込み促成栽培を除く露地栽培およびハウス半促成栽培では、春芽を一定期間収穫したあとに立茎（養成茎＝親茎を大きく伸長させ、茎葉が繁茂することで光合成による同化養分を確保する作業）を行なうことによって、同じ株を栽培して若茎を毎年収穫する。

そのため、収穫1年目は、株が十分に充実しておらず、地下部の貯蔵養分が収穫2年目以降に比べて少ない。収穫期間が短く、収量が少ないことに加えて、立茎開始時期の見きわめがむずかしいことが大きなハードルとなっていたが、採りっきり栽培によって初心者も含め、より多くの人がアスパラガス栽培に取り組める可能性が出てきた。

採りっきり栽培では、露地栽培で栽培1年目に圃場に定植し、株養成を行なったのち、翌春に萌芽する若茎を立茎せずに、すべて収穫する春どりのみとし、栽培期間を短縮することにより、年数の経過に伴う病害蔓延のリスクの回避と収穫1年目の増収が可能になる。

採りっきり栽培は、直売所への出荷に励んでいるような少量多品目の生産者の方々も気軽に経営に組み込める、新しいタイプの栽培法といえる。

採りっきり栽培は、栽培期間が従来

●アスパラガスの作型●

日本国内におけるアスパラガス栽培には、いろいろな作型がある

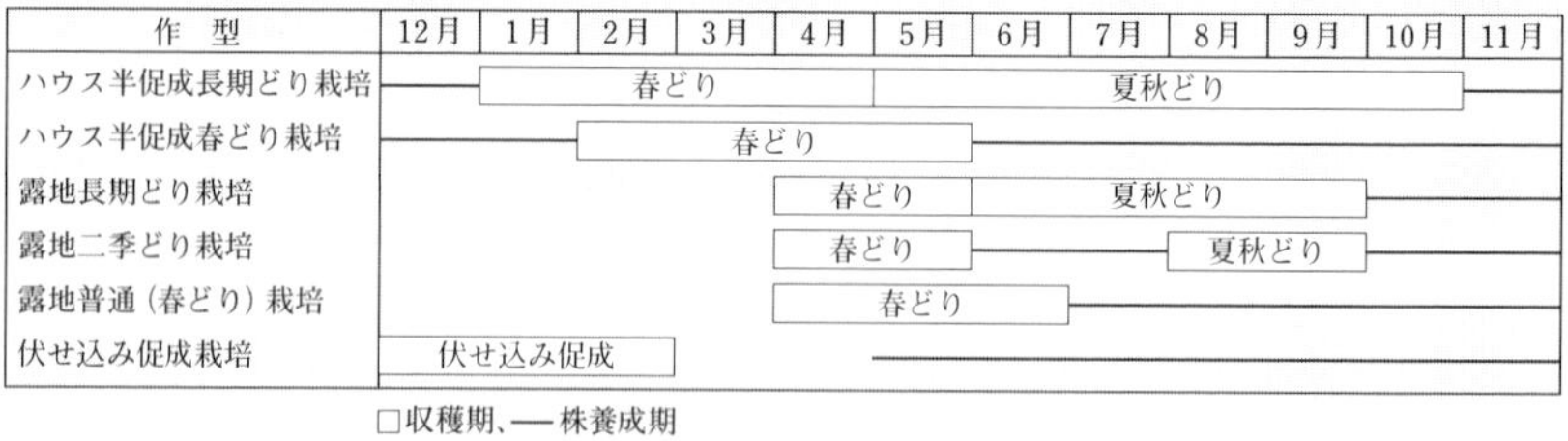

春どり:春に、地下部の貯蔵養分を使って萌芽する若茎を収穫
夏秋どり:春どり打ち切り後に養成茎を伸長させ(立茎させ)、茎葉を繁茂させながら萌芽する若茎を収穫

普通栽培:春どりのみ
二季どり栽培:春どりと夏秋どりを行なう
長期どり栽培:春どり後の立茎中も収穫を休まずに夏秋どりに移行

図3 日本国内におけるアスパラガスの収穫期と作型

の露地栽培に比べて短く、病気蔓延のリスクが少ないため、経済栽培としてだけでなく、家庭菜園にもぴったりな栽培法でもある。

植え付けて2年目の春には太い茎がたくさん収穫できるため、アスパラガスの端境期の出荷をねらう生産者の方々はもちろん、初めてアスパラガス栽培に挑戦する家庭菜園愛好家の方々にもお勧めである。最近、採りっきり栽培は全国各地に浸透しつつある。

アスパラガスの作型は、大きくは、ハウスの有無により「露地栽培」と「ハウス半促成栽培」に分けられ、さらに、収穫時期によって、春どりのみの「普通栽培」(「春どり栽培」のこと)、春どりと夏秋どりを行なう「二季どり栽培」、春どりから収穫を休まずに夏秋どりに移行する「長期どり栽培」に分けられる(図3)。

そのほかに、露地で1~2年間株養成した根株を掘り上げ、パイプハウス内の温床に伏せ込み、加温して冬季に若茎を収穫する「伏せ込み促成栽培」がある。

露地普通栽培は、アスパラガス本来の生育サイクルにもっとも近く、施設費もかからない作型であり、寒地では作型構成比の70%以上を占める。しかし、茎枯病や斑点病などの病害の発生による減収が問題となり、暖地や温暖地では、広島県や岡山県などの一部の地域を除いて露地栽培はほとんど行なわれなくなり、現在ではハウスの雨よけ効果により病害蔓延を防ぐハウス半促成長期どり栽培が定着している。

図4 野菜・花き作型呼称に用いる地域区分図（野菜・茶業試験場、1998）を一部改変

それにより露地栽培の産地は北海道（寒地）と東北地方や長野県などの寒冷地および寒地が中心となったものの、近年は気象環境の変化から、北海道の北部まで茎枯病の発生が認められるようになっている。とくに露地普通栽培では、夏場に若茎を収穫しないことから、夏から秋にかけての栽培管理が不十分になり、茎枯病などの発病を見逃してしまい、病害を圃場内で蔓延させてしまう可能性が高い。

気候区分の表記は、図4のような区分を念頭においてほしい。

●アスパラガスの草姿と各部位の呼称●

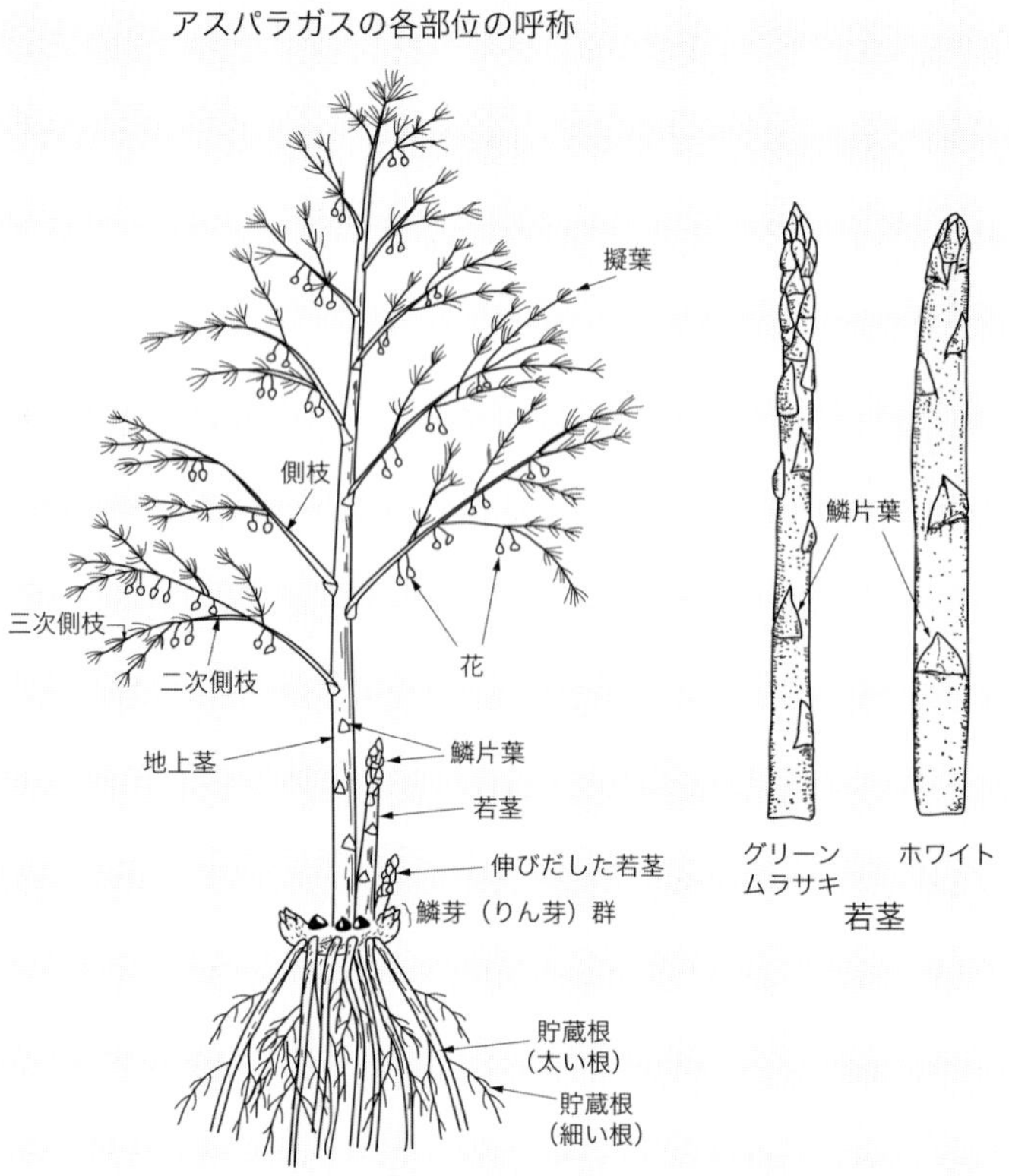

図5　アスパラガスの草姿と各部位の呼称（八鍬利郎原図から改変）

●「採りっきり栽培」の経過●

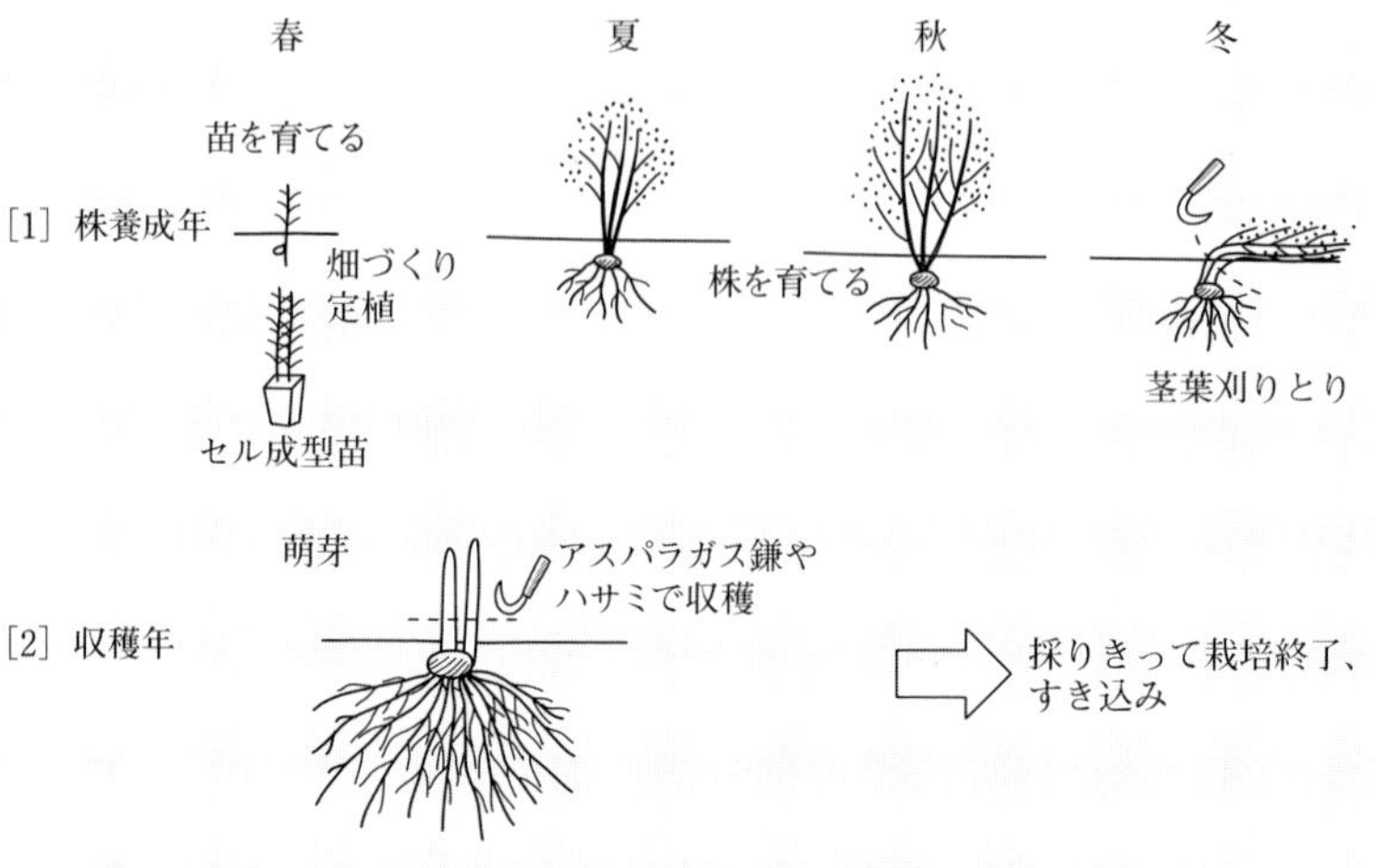

図6　「採りっきり栽培」の経過（八鍬利郎原図から改変）

写真　1、2 「採りっきり栽培」の萌芽（千葉県成田市、川崎智弘）

2 採りっきり栽培のねらい

(1) 収穫が1年だけなので病気や障害を避けられる

採りっきり栽培では株を毎年更新するため、病害蔓延や障害のリスクが軽減される。従来のアスパラガス栽培の問題は、同じ圃場で栽培し続ける（連作する）ため、病害や障害が出やすくなることである。野菜栽培では、連作をできるだけ行なわず、一つの野菜を収穫したあとに、別の野菜を栽培するという輪作を行なう。ところが、アスパラガスは本格的な収穫までに数年かかり、そのあとも10～20年程度にわたって株養成と収穫を繰り返すため、輪作には不向きで、栽培は病害や障害との闘いがつきものであった。

アスパラガスの露地栽培では、とくに茎枯病をはじめとする病害の発生による減収が最大の問題である。茎枯病は、アスパラガスの癌（がん）とも呼ばれるように、露地栽培ではとくに被害が大きい病害である（写真3、4）。斑点病や褐斑病などの糸状菌による地上部の病害、立枯病や株腐病などの地下部の土壌病害についても、露地栽培で栽培を数年間続けると蔓延しやすくなる。一般的なアスパラガス栽培では、いったん定植すると、10～20年程度にわたって同じ圃場を利用するため、土壌改良不足や土壌病害などにより欠株が生じても、栽培を続けるためには立茎を早めたり、補植したりする程度しか対応策がみつからない。

茎枯病の被害の重大性については、暖地や温暖地などの露地栽培の産地において、１９６０年に入って茎枯病の発生が大きな問題となり、１９６０年

写真3、4　生産現場における茎枯病の蔓延（左：田口巧　右：松永邦則）

代後半には収穫が皆無となった産地があったことからも容易に想像できる。その後、ハウスの雨よけ効果により病害蔓延を防ぐハウス半促成長期どり栽培が導入され、栽培技術の開発とともに、高い生産性が得られるようになった。しかし、資材費の高騰などにより、栽培規模の拡大や新規栽培者の参入がむずかしくなってきている。

露地栽培では、茎枯病の菌密度が年を経るごとに高まり、茎葉の発病残渣によっても若茎への茎枯病の発生が助長される。そのため、株養成1年、収穫1年だけで切り上げる採りっきり栽培を導入すれば、茎枯病の菌密度を低く抑えられる。さらに水田転換畑では、採りっきり栽培の終了後に湛水することにより、また畑地では、ほかの作物との輪作を行なうことにより、茎枯病やほかの病害の発生を抑えることができる。

採りっきり栽培で、茎枯病などの病害にも遭わずに、たまたまいい成績が出せたとする。これならば、もう1年収穫してもいいのではないかと考える人がいるかもしれない。せっかくの永年作物だし、苗を買うこともなければ、もう1年試してみようと思うのは人情というものだろう。

しかし、採りっきり栽培で収穫期間を長引かせ、通常の露地栽培に比べて立茎のタイミングを遅らせることにより、別項に示す「株」の力が落ちてしまい、もう1年栽培する際の適切な養成茎（親茎）を立てることがむずかしくなる。そうなると、立茎する養成茎の生育が弱まり、病害蔓延のリスクがさらに高まる。とくに露地栽培で大きな問題となる茎枯病の病害蔓延のリスクは、1年目の株養成に比べて2年目以降の栽培の方が急激に高まるのである。

採りっきり栽培では、株の養分を使い切るまで収穫する（採りきる）。もう1年栽培するということは、貯蔵根に蓄えた養分の大部分を消費してしまった状態で立茎を行なうことになる。そのため、2年目以降の栽培では、欠株が多くなり、収量は減少する。さらに、2年目以降の栽培では、1年目と同様な栽培管理を行なったとしても、茎枯病などの病害の発生が増えることから、採りっきり栽培の特徴の一つである病害蔓延のリスクが軽減できるという恩恵が得られない可能性が高い。

（2）春の端境期に収穫できる

アスパラガスは年生が若いほど萌芽が早まる。伏せ込み促成栽培でも1年養成株と2年養成株を比べた場合、萌芽は1年養成株が2年養成株に比べて早い。採りっきり栽培では、1年養成株を利用するため株の年生が若く、従来の露地栽培に比べて萌芽開始が早まる特徴がある。一方、従来の露地栽培では、本格的な収穫は定植から3年目以降であり、年生が進むため休眠が深まり、1年養成株に比べて萌芽は遅くなる。また、半促成（ハウス）栽培では早春の高値の時期をねらった早期収穫が一般的である。

明治大学農学部（神奈川県川崎市）では、2〜6月まで5か月間にわたって毎月定植を行ない、生育と収量を比較した。同一圃場で栽培試験を行ない、定植日以外の栽培条件を同じにして栽培したところ、翌春の収穫開始日は年ごとに差はみられるものの、定植月による差がみられず、いずれも春季の端境期、つまり露地栽培の春どりに比べて単価が高い時期に収穫できた。4月の収量は、採りっきり栽培全体の収穫のうちの3割以上を占めた。このことから、萌芽後から収穫終了までなるべく長く、太ものの若茎を安定的に収穫するには、採りっきり栽培の年生が若い1年養成株において、株養成期間を長くすればよいことが明らかになった。

日本国内におけるアスパラガスの流通は、9〜4月は5〜8月に比べて国産品が品薄になり、輸入品が増える（図7）。

そこをねらった暖地や温暖地、寒冷地の半促成（ハウス）栽培では、ビニール（トンネル）被覆を増やして出荷を早める。2〜3月に50〜60日間収穫を行ない、立茎を行なったあとなので4月には収量が減少する。

このように、2〜3月（ハウスもの）と5月以降（寒冷地および寒地の露地もの）の間には、春どりの端境期が生じる。アスパラガスの旬と呼ばれる春季のなかでは、4月には比較的単価が高くなる。採りっきり栽培はそこをね

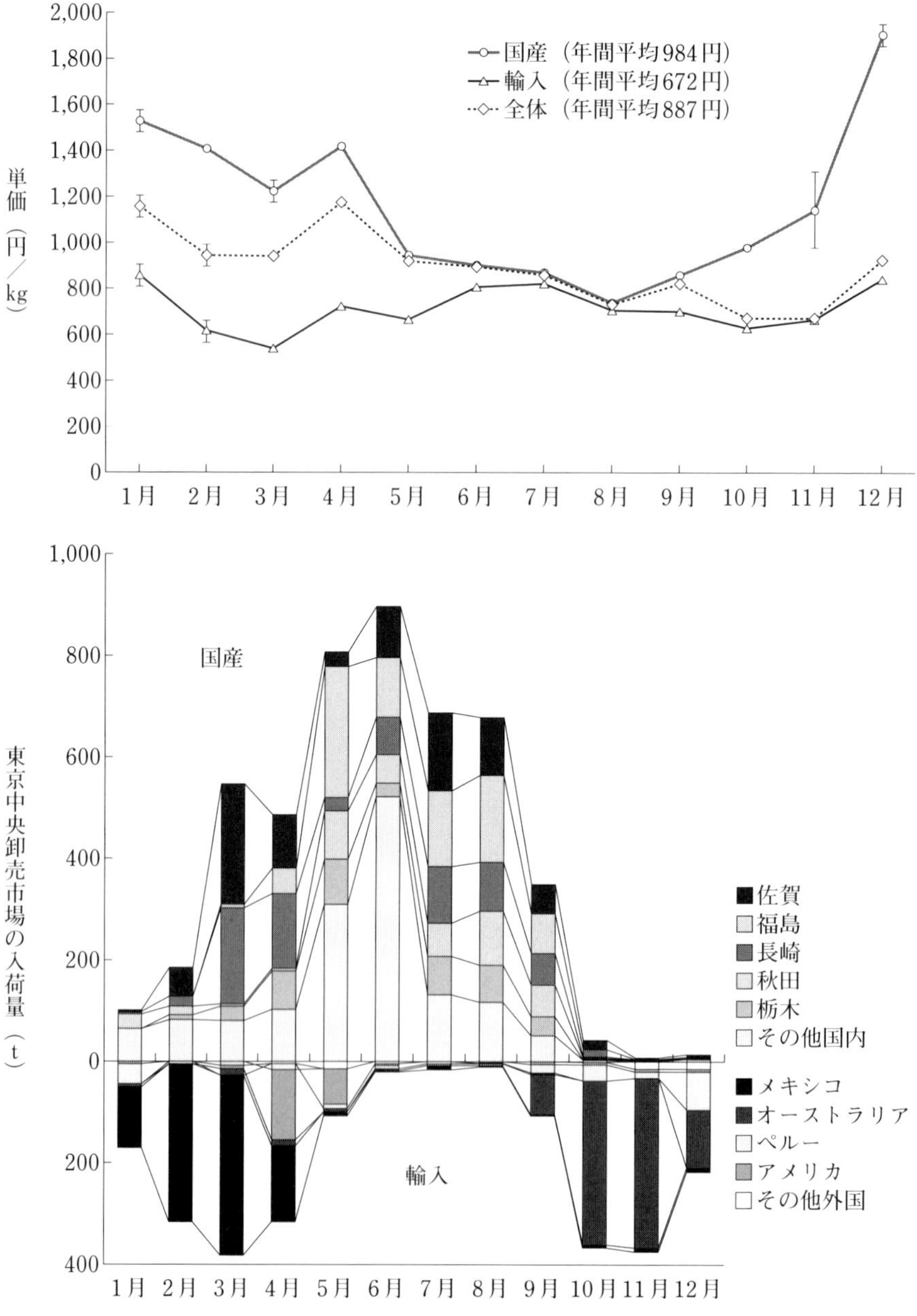

4月のアスパラガスは入荷量が少なく、値段も高い

図7　アスパラガスの月別単価と産地別入荷量の推移（井上作図）

上図：東京中央卸売市場の 2006 ～ 2010 年のデータ 5 年間の平均値。縦棒は標準誤差

下図：東京中央卸売市場の 2017 年のデータ

らう新作型なのである。

採りっきり栽培では、早期に定植するにしたがって株養成が充実し、単価が高いL級規格以上の収量が多くなること、全収穫期間における収量の割合が春どりの端境期の4月に高くなることから、高収益が見込める作型である。

暖地や温暖地のハウス半促成長期どり栽培の一般的な産地では、立茎により収量が減少する期間を採りっきり栽培の収穫でカバーすることもできる。また、寒地および寒冷地の露地栽培の春どりの産地では、採りっきり栽培の収穫をハウス半促成長期どり栽培の夏秋どりにつなげれば、春どりから夏秋どりへと切れ目なく出荷することも可能になる。

(3) 夏の高温回避で順調な株養成

アスパラガスの光合成に好適な温度は、養成茎の生育状態にかかわらず20±5℃とされるため、従来の露地栽培の定植(5~6月ごろ)による株養成では、夏季の高温により生育が停滞する。

しかし、採りっきり栽培で2~4月の早期に定植した株では、春の生育適温期に十分に茎葉を繁茂させ、夏季の高温時に株元への直射日光の照射が避けられることにより、株元の地温が過度の高温にならずに、5~6月ごろに定植する従来の露地栽培に比べて夏季の生育停滞が回避される。従来の露地栽培でも、専用ホーラーを利用した深植えなどにより2~4月に早期定植できれば、採りっきり栽培と同様、茎葉が繁茂し、夏季の生育の停滞を回避することができる。

実際、草丈、有効茎数および最大茎径の値は、9月の調査時の3月定植株が、11月または12月の調査時の6月定植株に比べて、株養成期間はほぼ同等であったにもかかわらず、いずれの調査年および品種においても同等が高かった(図8、写真5~10)。

(4) 省力化が可能

アスパラガスの管理作業は、従来の露地栽培では、生育に応じてかん水や薬剤散布などの手間がかかるが、採りっきり栽培では、土壌水分が十分であればかん水を行なわなくても十分な生育が確保できる。また、1年だけの栽培であるため、従来のアスパラガス栽培に比べて肥料を大幅に減らすことができ、減肥栽培にもつながる。

採りっきり栽培では、従来の露地栽培に比べて早期に定植を行なう。アスパラガスの株養成期間におけるかん水の目的は、土壌水分を維持することと、地温を低下させることによる萌芽の促進である。かん水の二つの観点か

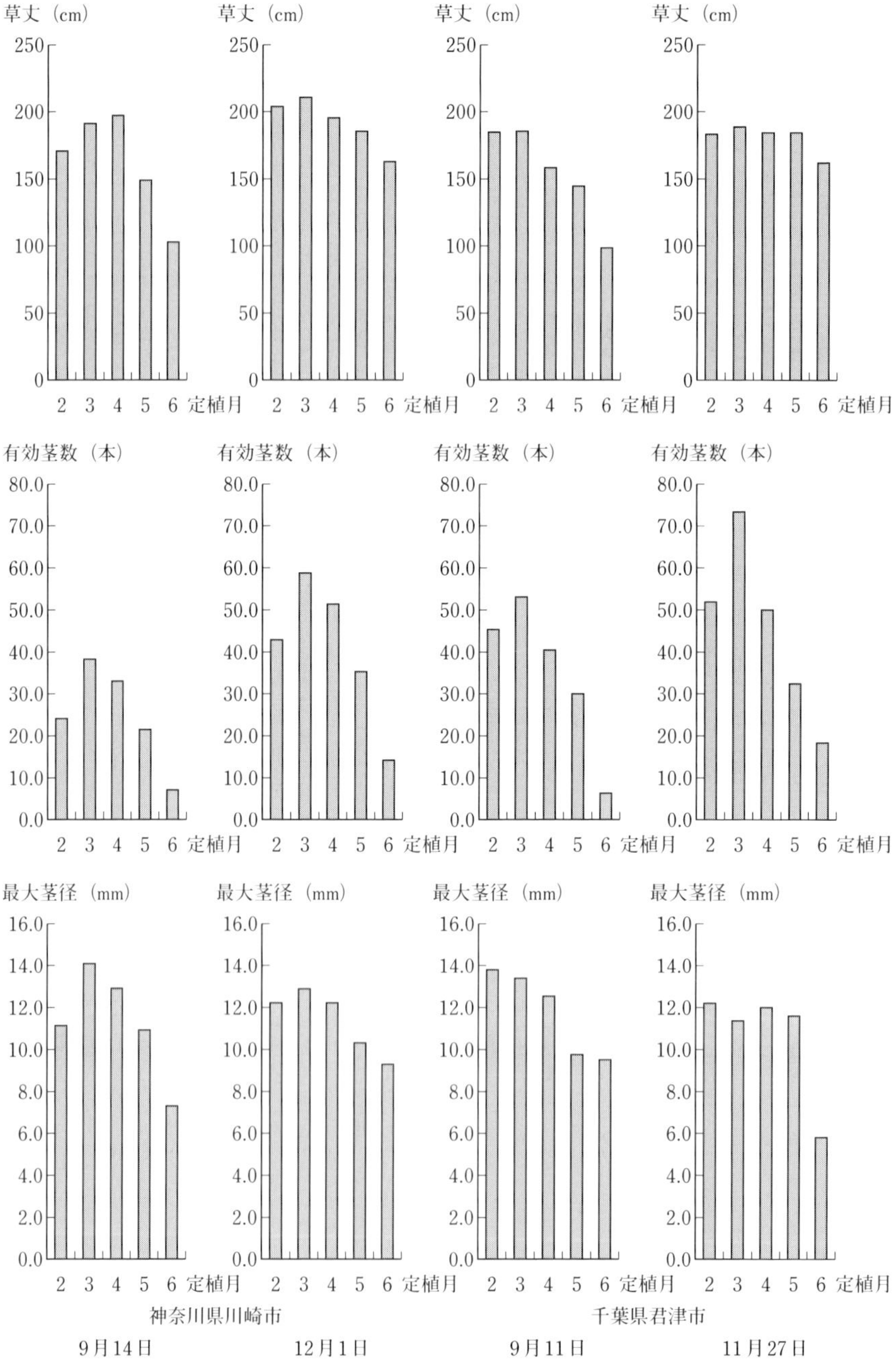

図8　「採りっきり栽培」における定植時期の違いが草丈、有効茎数および最大茎径に及ぼす影響（太宝早生、2015年3月定植）

（3月定植株）　　　　　　　　　　（6月定植株）

（2015年7月13日）

（2015年9月11日）

（2015年11月29日）

写真5～10　「採りっきり栽培」における定植時期が異なる株の生育推移の比較（千葉県君津市、2015年3月定植、品種は太宝早生）（蕪野有貴）

ら土壌水分が不足する時期は、生育適温を迎える初夏と梅雨明け後の高温期である。それらの時期について、採りっきり栽培と従来の露地栽培の生育を比べると、まず、生育適温を迎える初夏において、採りっきり栽培の生育は従来の露地栽培に比べて優れ、地下部が充実している。

そのため、採りっきり栽培の地下部ではより多くの吸収根が発生し、水分を効率的に吸収するとともに、乾燥耐性が高まる。一方、従来の露地栽培の生育は採りっきり栽培に比べて劣り、根の張りも少ない。そのため、従来の露地栽培の地下部では吸収根の発生が少なく、乾燥耐性が劣る。また、梅雨明け後の高温期においても、採りっきり栽培の生育は従来の露地栽培に比べて優れ、茎葉の繁茂が大きい。そのため、繁茂した茎葉が株元への直射日光の照射を遮り、地温の過度な上昇を防ぐ。一方、従来の露地栽培の生育は採りっきり栽培に比べて劣り、直射日光の照射が遮られることなく株元まで到達し、地温が上昇することにより若茎の萌芽活性が弱まるものと考えられる。

なお、採りっきり栽培では、定植時の土壌水分が十分な状態でマルチを行なうことができれば、かん水が必要な株養成期間においても、かん水を行なわなくても株の生育を良好な状態に保つことができ、かん水の省力化にもつながる。実際、明治大学における採りっきり栽培の試験では、定植時に苗が活着するまでの期間を除き、株養成期間中および収穫期間中にはかん水を一切行なっていない。

また、採りっきり栽培は、従来の露地栽培に比べて株養成期間が短いことから、病害蔓延のリスク回避に有効である。明治大学における栽培試験では、採りっきり栽培の年間の薬剤散布の回数は3〜5回程度であり、実際の露地栽培では20回以上薬剤散布している生産者の方々もいらっしゃるが、露地栽培の防除暦の事例にみられる15回程度に比べても極端に少なく、採りっきり栽培と同一の防除を行なった2年株に比べて病害の発生が顕著に少なかった（写真11、12）。

さらに、定植前の採りっきり栽培の施肥（基肥）は、明治大学の場合、10a当たりのチッソ換算の成分量で15kgとし、追肥は一切行なわず、2年目の収穫時期にも施肥を行なっていない。ハウス半促成長期どり栽培の初年目の10a当たりの施肥は、チッソ換算の成分量で30〜40kg程度とされることから、単年度的にも大幅な減肥栽培となる。

このように、採りっきり栽培では、株を毎年更新するため、病害蔓延のリスクが軽減されるとともに、防除や施

写真11、12　同一の防除を行なった年生の異なる株における病害発生の比較
左：2015年3月13日に定植した1年株、右：2014年6月4日に定植した2年株（神奈川県川崎市、2015年11月、露地長期どり栽培）（蕪野有貴）

肥のためのコストや労力も大幅に削減できる。

（5）2年で輪作を

採りっきり栽培では、春の3か月間だけで日本国内における年間の平均単収の2倍以上の若茎が収穫できる。しかも、そこですべての若茎を採りきってしまえば、それ以上の株養成をする必要がない。前述のとおり、病気にかかるリスクが減り、さらに、採りきってしまうことで畑が空くことから、別の野菜などを栽培する輪作ができるようになる。

輪作は、地力維持や労働力配分の均等化、病虫害や雑草の抑制などに効果が高い。畑作地では、土地の有効利用と地力維持を主眼に輪作が行なわれ、たとえばジャガイモ→コムギ→ダイズによる2年輪作など、さまざまな輪作の形式がある。一般には、輪作の途中にマメ科作物を組み込んで地力の増加を図る。最近では畜産の発達にともなって、デントコーンやソルガムなどの飼料作物を主軸にして、それに野菜などを組み込む形式の輪作も多くなってきている。

一方、水田では連作障害がみられないことから、積極的に輪作を行なう必要はないものの、数年ごとに水田を畑に転換して牧草や畑作物を栽培する田畑輪換は、畑作物の雑草の抑制や土壌センチュウの防除などに効果があるうえ、作土の土壌改良にも効果があり、水田作でも畑作でも増収する。日本の施策として、減反による水田転換が推進されているため、輪作は今後の水田作経営において重視されている。

そのような観点から、アスパラガスを輪作体系の一品目として組み込むとよい。とくに採りっきり栽培は、前述のとおり、減肥・減農薬栽培であることからも輪作に組み込みやすい。アスパラガスを輪作に組み込むサイクルは長いほどよいが、現在、栽培試験中である作物を計画的に作付けできれば、採りっきり栽培の株養成↓春どり↓後作物（別の作物との輪作）↓採りっきり栽培の株養成↓春どり↓後作物（別の作物との輪作）というサイクルが可能になるかもしれない。

3 収益性はどうか？

採りっきり栽培の基本は露地栽培であるため、ビニールハウスやガラス温室などの施設費が不要であることから、生産コストをかなり抑えることができる。また、栽培終了後の根株は圃場外に持ち出さずにトラクターによって圃場にすき込んで栽培を終了させる。そのため、栽培を始めるに当たり、ハウス半促成栽培で必要になるハウスや、伏せ込み促成栽培で必要になる養成株の掘りとり機や伏せ込み床のような特別な設備や機械などを必要としない。

その結果、採りっきり栽培では、ハウス半促成栽培および伏せ込み促成栽培に比べて償却費のうち、建物・構築物および農機具・車両の費用が低く抑えられるという調査結果が出ている（表2、3）。

採りっきり栽培は低コストで栽培が可能であり、収益性が高いため、アスパラガス栽培の熟練者だけでなく初心者でも取り組みやすい栽培法といえる。前述のとおり、従来のアスパラガス栽培に比べて手間がかからないことから、栽培管理の省力化も見込める。

手間とコストと時間がかかるアスパラガス栽培の大きな問題が、採りっきり栽培によって解消されつつある。

4 専用ホーラーを用いた深植えがポイント

採りっきり栽培が成立する要因の一つは、専用ホーラーを用いた定植時の深植えにある。採りっきり栽培での定植方法については後述するが、セル成型苗からポット苗への鉢上げをせずに、専用ホーラーを用いてセル成型苗を直接圃場に深植えすることにより、生育温度の確保や省力化を図ることができる。

専用ホーラーを用いてセル成型苗のまま直接圃場に定植する新規法と、慣行のホーラーを用いてポット苗を定植する慣行法を比較し、定植作業の改善効果とアスパラガスの収量の指標となる株養成量を調査した。

アスパラガスの定植作業時間は、初心者、習熟者ともに、新規法が慣行法

表2　「採りっきり栽培」と他作型における経営試算　　(10a・収穫年の1年当たり)

区分	項目	採りっきり栽培	伏せ込み促成栽培	露地普通栽培	ハウス半促成長期どり栽培
経営費(円)	種苗費[1)]	0	150,984	0	0
	肥料費	0[2)]	52,919	52,919	57,214
	農薬費・薬剤費	0	47,132	47,132	47,132
	諸材料費	0	18,905	20,000	208,383
	光熱・動力費	9,180	29,550	9,180	17,380
	小農具費	1,740	1,500	1,500	1,500
	修繕費	9,208	9,208	9,208	54,423
	土地改良・水利費	1,000	1,000	1,000	1,000
	地代	10,000	10,000	10,000	10,000
	償却費　建物・構築物	4,000	12,625	4,000	287,601
	農機具・車両	43,371	54,144	43,371	75,100
	植物	450,513	0	75,704	71,982
	小計	529,012	387,967	274,014	831,715
	流通経費	263,960	84,101	156,581	307,881
	合計　A	792,972	472,068	430,595	1,139,596
収　益(円)	生産物収量(kg)[3)]	1,159	300	700	1,500
	平均単価[4)]	3月　1,251 4月　1,503 5月　1,323 6月　1,134	12月　2,025 1月　1,833 2月　1,525	3月　1,251 4月　1,503 5月　1,323 6月　1,134	2月　1,525 3月　1,251 4月　1,503 5月　1,323 6月　1,134 7月　1,045 8月　820 9月　962 10月　1,021
	主産物収益	1,558,691	538,300	917,100	1,728,900
	副産物収益	0	0	0	0
	粗収益　B	1,558,691	538,300	917,100	1,728,900
農業所得(円)　C＝B－A		765,719	66,232	486,505	589,304
労働時間(時間)		166	256	234	445
1時間当たり農業所得(円)		4,613	259	2,079	1,324
農業所得率(%)		49.1	12.3	53	34.1

注　1) 採りっきり栽培、露地普通栽培およびハウス半促成長期どり栽培の種苗費は、償却費の植物に含む

2) 収穫年は収穫以外の作業を行なわないため、経営費のうち肥料費、農薬費、諸材料費を0とした

3) 生産物収量は、採りっきり栽培は神奈川県川崎市における'太宝早生'の2～4月定植株の可販収量の平均値、伏せ込み促成栽培は群馬県農業経営指標(群馬県農政部技術支援課、2015)の単位収量、露地普通栽培およびハウス半促成長期どり栽培は長野県農業経営指標(長野県農政部農業技術課、2014a、b)の生産物収量に従った

4) 平均単価は、東京都中央卸売市場の国産アスパラガスにおける2011～2015年の5年間の平均値(東京都中央卸売市場、2015)を月別に算出した

に比べて有意に短縮された。

作業姿勢の負担を評価するOWAS法によって、定植作業姿勢について調べてみた。そこでは、4段階の作業負担度（アクションカテゴリー＝AC）に分類して評価をするが（表4）、その結果、ACの発生回数および発生割合から、習熟者では、新規法が慣行法に比べてアスパラガスの定植作業姿勢を改善できたことがわかった。

一方、初心者では、ACの発生割合で定植作業姿勢の改善効果がみられなかったものの、ACの発生回数では改善効果がみられた。アスパラガスの定植作業時間が短縮されたことを考慮すると、初心者においても、習熟者と同様、新規法が慣行法に比べて作業負担

表3　「採りっきり栽培」、露地普通栽培およびハウス半促成長期どり栽培における償却費（植物）の内訳

項目	採りっきり栽培	露地普通栽培	ハウス半促成長期どり栽培
種苗費	150,984	150,984	150,984
肥料費	39,165	105,838	57,214
農薬費	8,908	94,264	47,132
諸材料費	137,000[1)]	40,000	208,383
光熱・動力費	9,180	18,360	17,380
小農具費	1,740	3,000	1,500
修繕費	9,208	18,416	54,423
土地改良・水利費	1,000	2,000	1,000
地代[2)]	10,000	20,000	10,000
労働費[3)]	83,328	152,768	99,820
合計	450,513	605,630	647,836
耐用年数	1	8	9
1年当たり負担額	450,513	75,704	71,982

栽培期間の違いを考慮し、経済性を比較検討するため、果樹における成木の税制上の評価手法にならって、養成を終えた株を固定資産として扱い、株養成期間に要した費用を収穫年数で除した値を償却費（うち植物）として算出した
各作型の栽培期間は、採りっきり栽培が2年間、伏せ込み促成栽培が1年間、露地普通栽培およびハウス半促成長期どり栽培が10年間
圃場が成園に至るまでの株養成期間は、採りっきり栽培、伏せ込み栽培およびハウス半促成長期どり栽培が1年間、露地普通栽培が2年間
1）採りっきり栽培は、茎葉の堆肥化を考慮して生分解性ネット（通常のプラスチックネットの170％の値段）を使用することで算出した
2）10a当たり年間10,000円とした
3）株養成時の労働時間×868円（千葉県最低賃金）とした

表4　作業負担度の4段階

AC1	改善不要 この姿勢による筋骨格系負担は問題ない
AC2	近いうちに改善すべき この姿勢は筋骨格系負担に有害である
AC3	できるだけ早期に改善すべき この姿勢は筋骨格系負担に有害である
AC4	ただちに改善すべき この姿勢は筋骨格系に非常に有害である

は低いと考えられる（図9～11、写真13～16）。

また、株養成量の結果から、新規法は慣行法に比べて育苗日数が短く、小さなセル成型苗を定植したにもかかわらず、新規法と慣行法との間に有意差

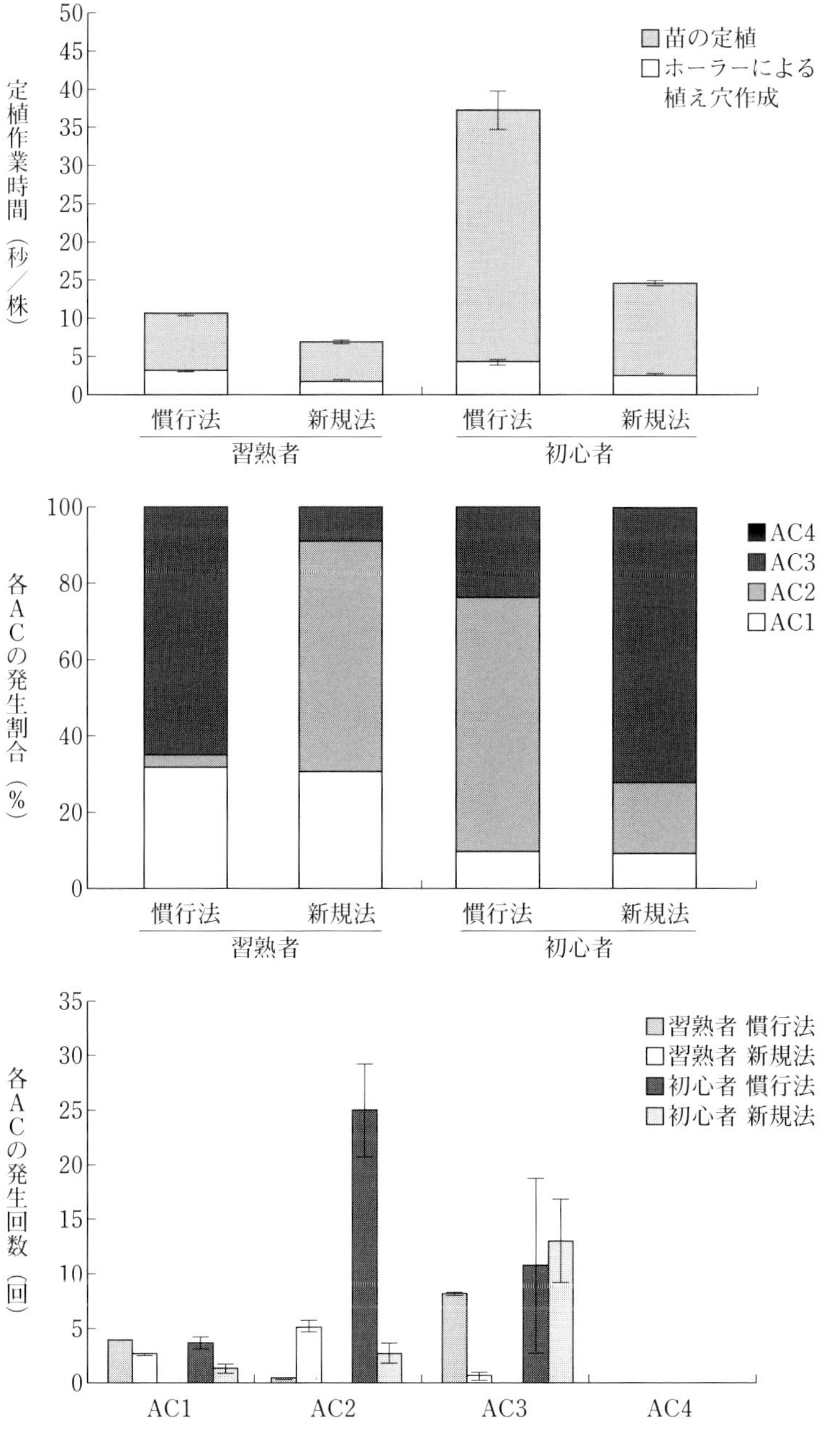

図9～11　習熟者と初心者での定植作業の改善効果

（専用ホーラー）

（従来のホーラー）

写真13、14 習熟者による植え穴作成作業の様子（清水佑）

専用ホーラー（上）なら突き刺すだけだが、従来のホーラー（下）ではうね内の土をつかんで外に放出する動作が必要

（専用ホーラー）

（従来のホーラー）

写真15、16 習熟者による定植作業の様子（清水佑）

がなかったことから、ポット苗を定植する慣行法と同等の収量が得られるものと考えられた（図12）。

5 誰にでも取り組める

アスパラガスの長期どり栽培における栽培管理のうち、春どりの収穫打ち切りの時期、すなわち立茎開始の時期は、栽培の経験が少ないと見きわめができないことが多い。そして立茎の成否がその後の収量に大きく影響するため、アスパラガスではもっともむずかしい作業とされる。

一方、採りっきり栽培は、立茎を行なわず、収穫1年目に萌芽する若茎をすべて収穫することから、立茎の失敗による収量減少のリスクを回避できる。これならば初心者でもアスパラガス栽培に取り組める。

実際に、２０１６年５月に採りっき

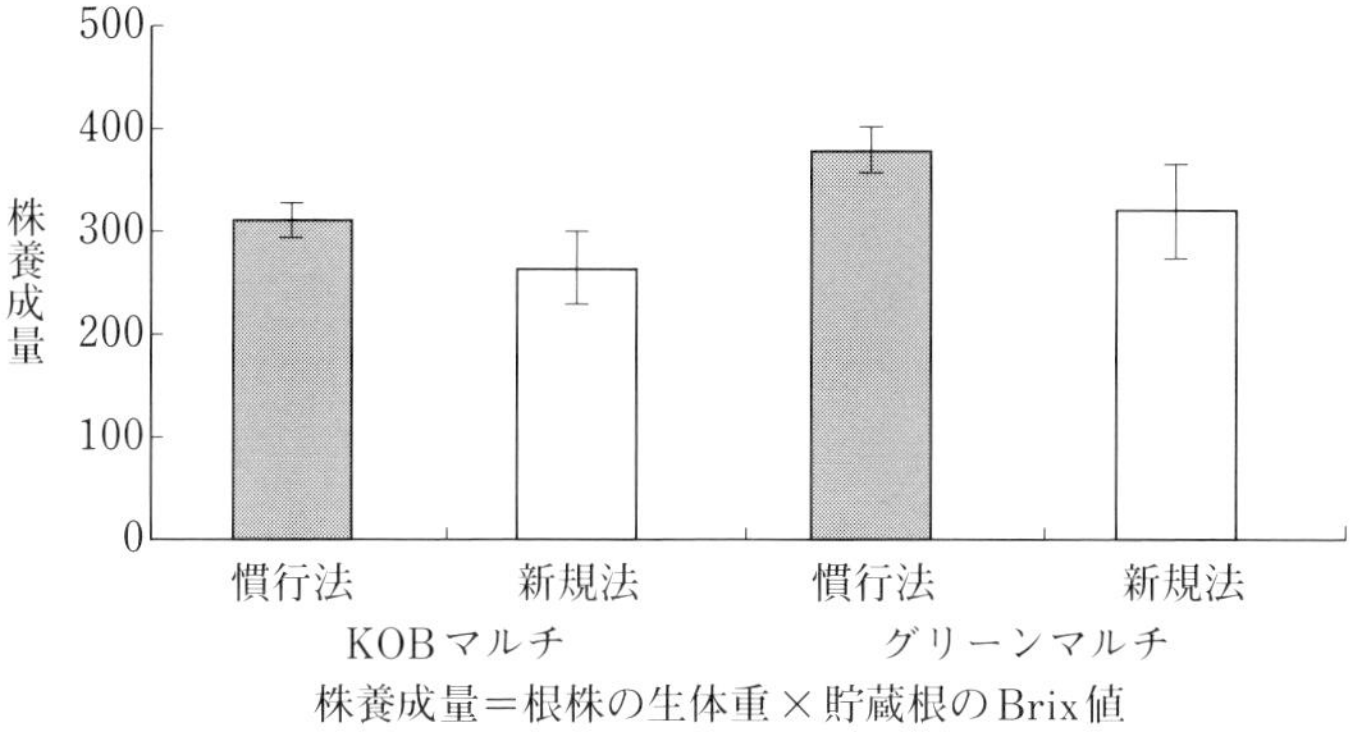

図12　新規法と従来法における株養成量の比較

KOBマルチ(黒色)は群馬県沼田市の現地で慣行として用いられている。グリーンマルチ（緑色）は北海道や東北地方の生産現場などで保温効果が見込めるという理由で普及が進んでいる

り栽培を公表して以降、新鮮なアスパラガスを求める消費者が多い首都圏を中心に、全国各地で採りっきり栽培が拡大している。

たとえば、神奈川県川崎市麻生区黒川地区や東京都多摩市などでは、行政やJAなども加わり、新栽培法の公表翌年の2017年から採りっきり栽培に初めて取り組み、翌2018年の春には採りっきり栽培を導入したほとんどの生産者で満足のいく初出荷ができた。

採れたてで新鮮な採りっきり栽培のアスパラガスは、栽培地域の直売所で大人気であり、その収穫物を使った収穫体験や食育などのイベントも開催され、新たなアスパラガスの産地が形成されつつある。近い将来、ブランド化された採りっきり栽培のアスパラガスが全国各地の市場に登場してくるかもしれない。

最近、採りっきり栽培について、寒地や寒冷地からも多くの問い合わせが寄せられている。寒地や寒冷地に採りっきり栽培を導入するには、とくに定植時期の温度に注意することと、暖地や温暖地に比べて株養成期間が短いことなどから、さらに検討が必要である。まだ試験例は少ないものの、株養成の初期に被覆資材を使うことや、冬場のうちに施設を使って、ある程度の大苗をポットで育苗しながら、春の訪れとともに、通常より早い時期に深植えで定植するといった方法も考えられる。

6 ムラサキ／ホワイトにも期待

アスパラガスにはグリーンアスパラガスばかりでなく、グリーンアスパラガスを軟白させたホワイトアスパラガス、そしてムラサキアスパラガスの3つの若茎色のタイプがある。しかし、日本ではホワイトアスパラガスやムラサキアスパラガスの生産量はごくわずかである。

現在、市場に流通しているムラサキアスパラガス品種の収量性は、グリーンアスパラガスに比べてやや低いものの、従来のグリーンアスパラガス栽培の2〜3倍程度の密植栽培を行なうと、グリーンアスパラガスに近い収量を得ることができる。最近ではムラサキアスパラガスを遮光し、その後に少し光を当てて桃色に着色させたピンクアスパラガスも栽培され始めている。

また、採りっきり栽培の収穫は春だけなので、濃紫色のムラサキアスパラガスも安定して栽培できる。ムラサキアスパラガスは、栽培環境により若茎の着色が不安定であることが問題となっている。とくに、夏季高温期には茎葉の繁茂により紫外線量が減少するため、若茎の着色不良を引き起こす。ムラサキアスパラガスの着色には、光強度と気温が関与しており、光強度の影響がもっとも大きく、次いで夜温の影響の順で、弱光および高夜温条件では着色が顕著に阻害される。

採りっきり栽培にムラサキアスパラガスを導入し、その収穫を着色良好な春どりだけにとどめ、省力かつ低コストで栽培できれば、ムラサキアスパラガスの普及につながるのではないかと考える。着色が不十分であると商品価値が下がるが、春どりだけの収穫であれば、立茎栽培の夏秋どりでとくに問題となる着色不良の問題が回避できる。

さらに、採りっきり栽培でホワイトアスパラガスをやってみるのも面白いと思われる。大規模に栽培するには、遮光の手間がたいへんだが、小面積であれば導入可能ではないだろうか。

グリーン、ムラサキ、ホワイトの3色のアスパラガスを束ねて、春先の直売所に並べたら、誰もが手に取ってみたくなるアイテムになるだろう。採りっきり栽培によって、3色アスパラガスの可能性がみえてきた。

Ⅱ　「採りっきり栽培」のポイント

1 株の「力」をつける土と水

採りっきり栽培では、1年目でいかに大きな養分の貯蔵庫(株の「力」)を高める貯蔵根を中心とした地下部)をつくるのかが最大のポイントとなる。ここでは、アスパラガス栽培の基本となる土づくりと水管理について、アスパラガスのすべての作型に共通する内容を述べる。

(1)「力」のある株は収量が高い

アスパラガスは気温の上昇にともなって土のなかから力強く萌芽してくる。若茎は、貯蔵根に蓄積された養分によって地下茎の鱗芽群から順次伸長する。採りっきり栽培の定植1年目の株養成では、夏から秋にかけて茎葉が繁茂し、茎葉で光合成を行なって炭水化物を生産する。それらの養分は、地下部に転流して貯蔵根に蓄積され、翌春に若茎を萌芽・伸長させる栄養源となる。養分の蓄積量が多く、その養分を効率よく消費できる株が「力」のある株であり、収量や品質も高い。

(2)茎葉の生育(株養成)と収量との関係

株の「力」の基になるのは貯蔵根に蓄えられる養分であり、茎葉の生育と収量との間には密接な関係がある。アスパラガスは、一般に大きな株ほど大きな鱗芽をたくさんつけ、貯蔵根数も多いため、貯蔵養分が豊富に蓄積されている。そのため、大きな株では太い若茎が多く発生し、収量も高い。実際栽培では、できるだけ株が大きくなるように心がける(写真17、18)。

写真17、18 「採りっきり栽培」の株養成(神奈川県川崎市)(田口巧)

（3）株づくりのポイントとなる土づくり

アスパラガスは貯蔵根に養分を蓄積することで次々に萌芽するため、増収には根をよく伸長させることが必要である。そのため、アスパラガスの土づくりは物理性の改善（土壌改良）を基本とする。アスパラガスは深根性の作物で、深層まで通気性および排水性のよい土壌を好む。土壌としては、腐植含量の多い砂質土壌から埴質土壌が適する。根の分布は広く、畑の条件がよければ、採りっきり栽培の1年株養成においても、水平方向に幅1・5m程度、垂直方向には1m以上の深さに達する。

この養分の貯蔵タンクである貯蔵根のほとんどは表層の0～30cmまでに集中している（図13、写真19、20）。

これは、地下茎の成長点部で新しく鱗芽が形成され肥大すると、その下部に貯蔵根が形成されるため、地下茎の伸長にともなって次々と新しい貯蔵根を形成するからである。

多数の貯蔵根を十分に伸長させるためには、よい土づくりがとても重要に

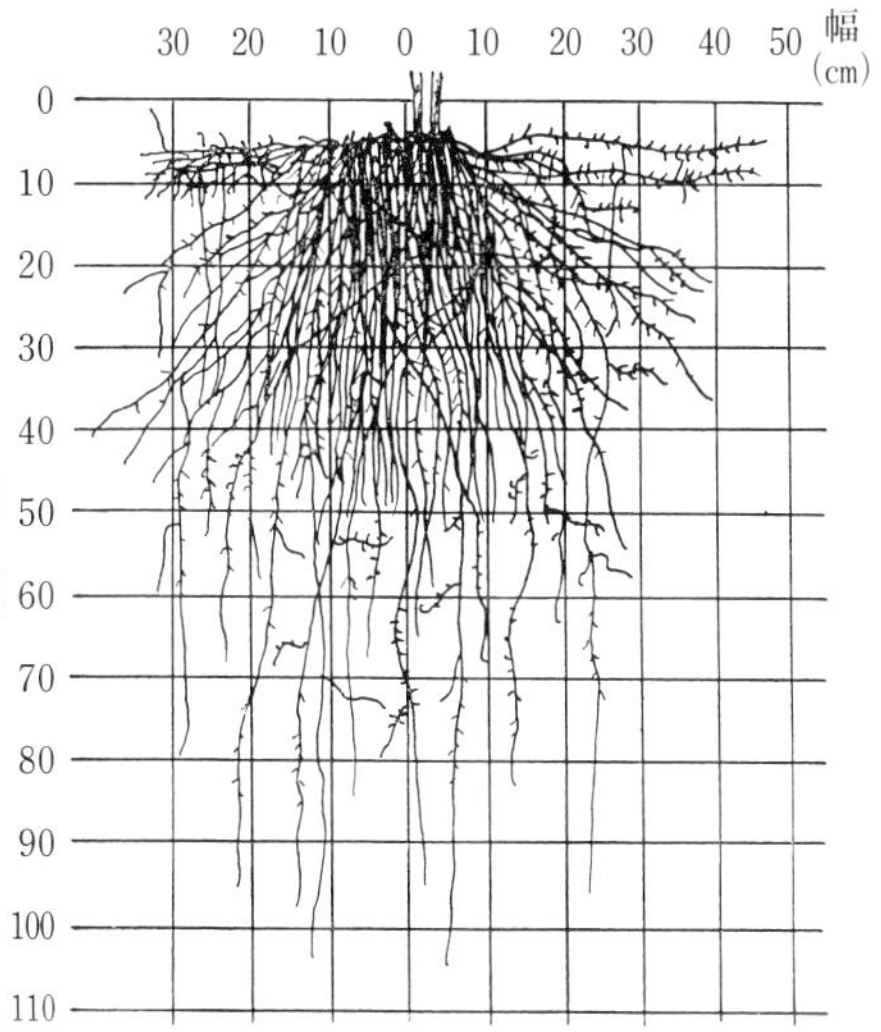

（Weaver、1927）

図13　アスパラガスの根系（6年株）

写真19　アスパラガスの貯蔵根の発達

（オランダHelden）

定植2年目。成園の地下部重は10a当たり6～10tにもなる

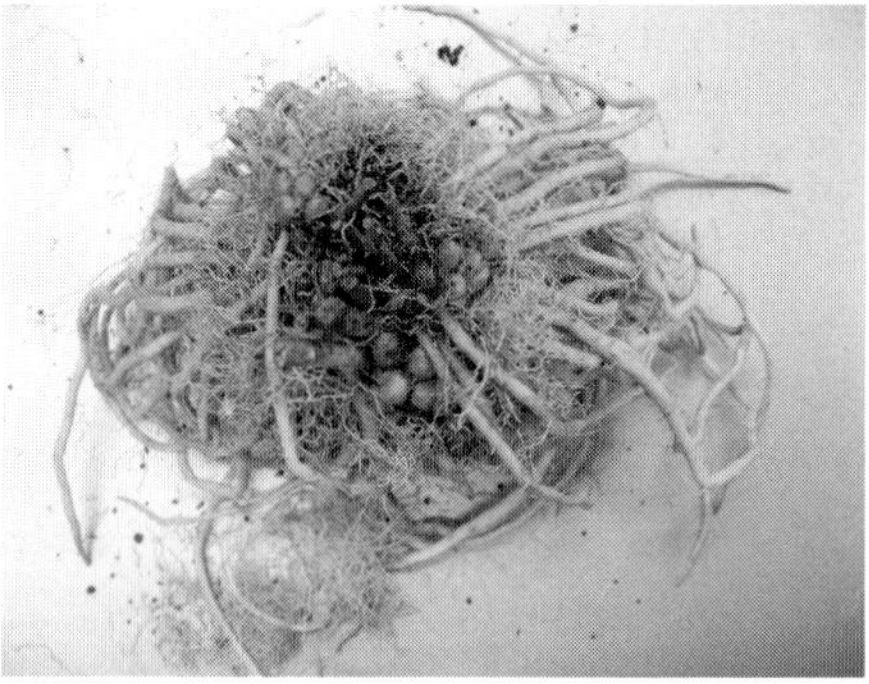

写真20　アスパラガスの1年株の地下茎の様子

若年株からは養分吸収のための細い吸収根が多く出る

なる。

（4）収量と株養成を高める水管理

アスパラガスは乾燥に強く、湿害に弱い作物である。株の「力」を高めるためにも、その生理・生態的特性を踏まえた適正な水管理が不可欠である。

収量と株養成量を高める水管理は、土壌中の水管理とかん水による水管理の二つに大別される。土壌中の水管理とは、土壌の保水性を高める土づくりであり、水の縦横の移動を円滑に進めるための土壌物理性の改善である（図14）。一方、かん水による水管理は大きな増収効果が期待でき、次年度以降の株の「力」と「質」の基になる鱗芽の形成や貯蔵養分の増加に効果がある。

写真21　1年株（左上）と3年株の地下部

2　早期定植で株の「力」をさらに高める

アスパラガスの定植時期は定植後の株養成量を左右し、定植後から茎葉の黄化が開始するまでの株養成期間が長いほど株が充実し、株の「力」が高まる。そのため、定植時期が早いほど株養成が早期に始まり、株養成期間が長くなることによって増収する。

しかし、気温が低い時期の定植では、定植後の初期生育が促進されないことから、定植時期は、積極的な保温を行なう半促成（ハウス）栽培を除き、定植後の生育に悪影響がでない最低気温が確保できる時期や、晩霜の被害が回避できる時期がよい。そのため、露地栽培におけるアスパラガスの定植適期は、九州や四国などの暖地や温暖地では4月ごろ、関東の温暖地では5月上旬ご

①地下水位が30cmの場合

							深さ別の根乾物重 (g) (%)	10a当たりの収量
10	25	96	114	49	13	4	311 (72.5)	
7	18	23	19	15	7	4	93 (21.7)	
4	4	4	4	5	3	1	25 (5.9)	
21	47	123	137	69	23	9	429	2,300kg

②地下水位が60cmの場合

							深さ別の根乾物重 (g) (%)	10a当たりの収量
6	20	66	98	65	18	11	284 (59.3)	
10	19	32	33	23	17	10	144 (30.1)	
8	9	8	7	7	8	4	51 (10.6)	
24	48	106	138	95	43	25	479	2,800kg

1マスは縦20cm×横20cm

図14 地下水位とアスパラガスの根量（福岡農総試、1997）

ろ、寒冷地では5〜6月ごろとされている。

採りっきり栽培の定植時期は、気温が低く、晩霜の被害が懸念される時期であるが、本来は定植が不可能とされる暖地や温暖地の2〜3月に、専用ホーラーを使って定植すれば、株養成期間が長くなり、株の「力」を高めることができる（写真22）。

明治大学では、採りっきり栽培の栽培体系の確立を目指し、グリーンアスパラガスとムラサキアスパラガスの2品種を用い、採りっきり栽培における定植時期が生育、収量および収益に及ぼす影響を検討した。その結果、翌春の収穫は、定植時期が早まるにしたがってL級規格以上の若茎の収量が増え、総収量および可販収量も増える傾向であった（図15）。

日本国内のアスパラガスの露地栽培の産地における10a当たりの年間の平均単収は、2010年の収量で露地普通栽培の産地では214〜414kg、露地長期どり栽培の産地では511〜583kgであり、10a当たりの年間の平均単収が2000kgを超える産地もあるハウス半促成長期どり栽培などの他作型の産地の収量を合わせた全国平均は485kgであった。

一方、採りっきり栽培における総収量は、収量がグリーンアスパラガスに比べて劣るとされるムラサキアスパラガスの「満味紫（まんみむらさき）」において、2014年定植の栽培試験では、10a当たりの3月定植株の可販収量が817kg、2015年定植の試験では、2月、3月および4月定植株の

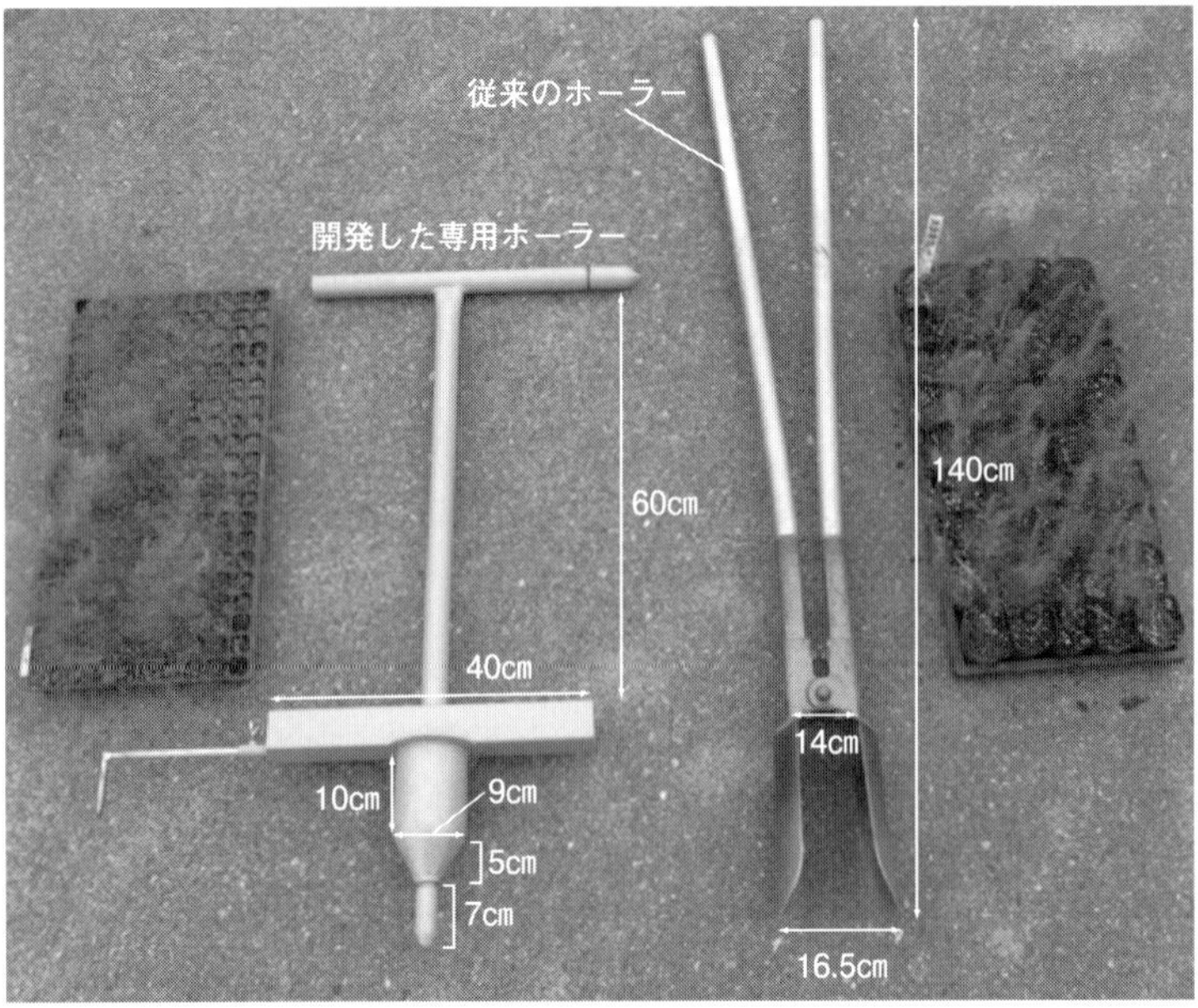

写真22　「採りっきり栽培」の定植用専用ホーラー

専用ホーラー（左）は，セル成型苗を15cm程度の深植えにする形状で，植え穴内の保温効果によって生育促進効果が期待できる。従来のホーラー（右）に比べて地面に突き刺す動作のみで植え穴ができる（清水佑）

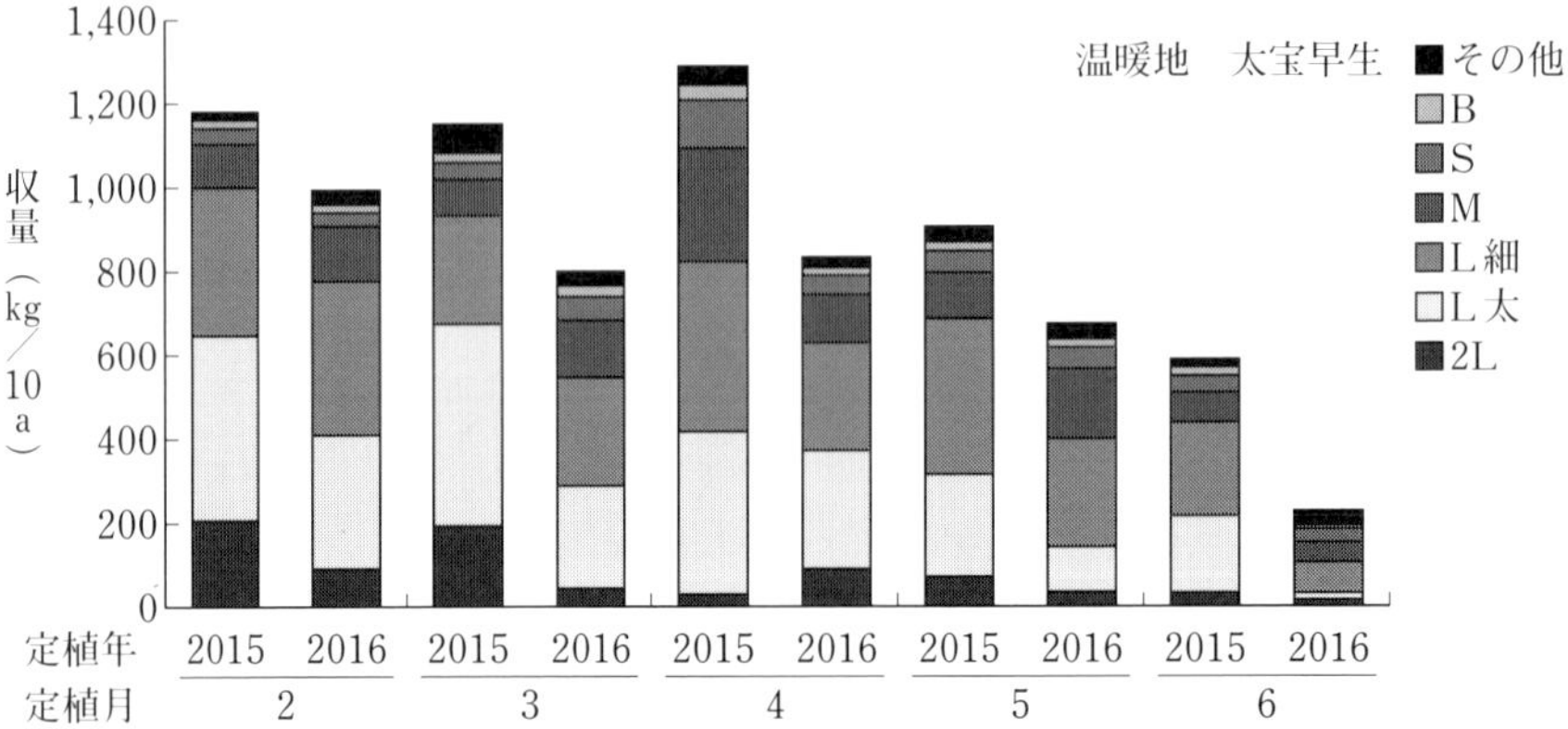

図15　「採りっきり栽培」における定植時期の違いと収量

2015年2、3月および4月定植と2016年2月定植の収量は10,00kg /10aを超えた。定植時期が早まるにしたがってL級規格以上の若茎の収量が増え、総収量および可販収量も増える傾向であった可販収量が、神奈川県川崎市でそれぞれ７２５kg、３７２kgおよび８０９kg、千葉県君津市でそれぞれ７９０kg、４９９kgおよび５６０kgであった。また、グリーンアスパラガスの「太宝早生（たいほうわせ）」において、10a当たりの2月、3月および4月定植株の可販収量は、神奈川県川崎市でそれぞれ１１５６kg、１０７９kgおよび１２４３kg、千葉県君津市でそれぞれ９７９kg、９７６kgおよび８１０kgであった。

採りっきり栽培で2～4月に定植したアスパラガスは、いずれの品種においても、露地栽培の年間の平均単収に比べて収穫1年目の収量だけで同等かそれ以上となることが明らかとなった（図16、17）。

3　セル成型苗の深植えで省力と霜害回避

採りっきり栽培における栽培の特徴は、低温期の温度の確保のために専用ホーラーを用いて植え穴を形成し、温度を確保することである（図22）。

過去にも、定植1年目の株養成を充実させるため、いくつかの方法が検討されてきた。たとえば、伏せ込み促成栽培や露地普通栽培においては、育苗を長期化し、ポット

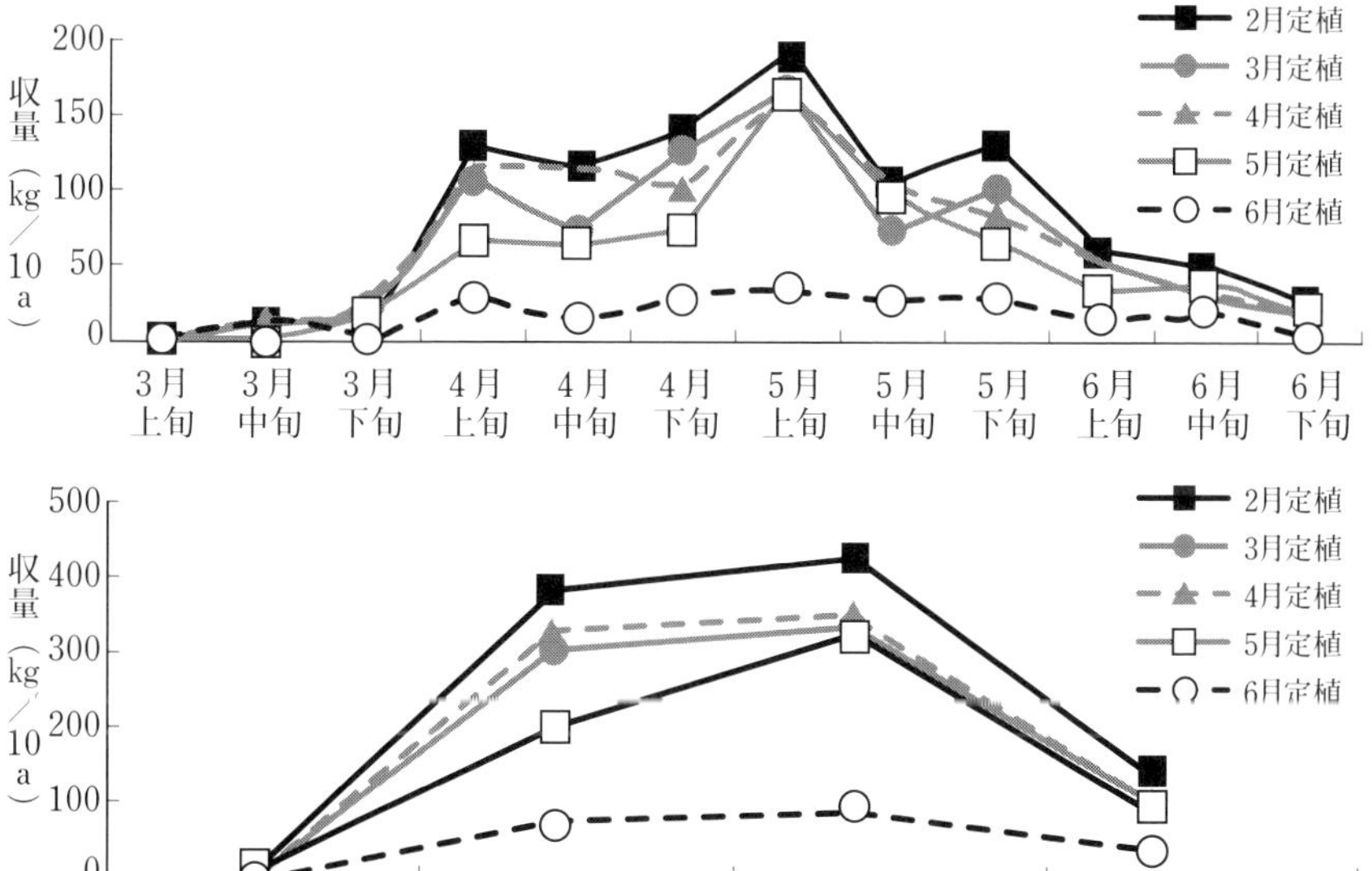

図16、17　「採りっきり栽培」における定植時期の違いと収量（太宝早生、2016年定植、2017年春収穫）

で大苗をつくってから定植することなどである。しかし、いずれの方法も、若茎が伸長可能な下限の温度（5℃以上）を超えた時期に定植することが前提であった。また、従来法による大苗養成は、鉢上げなどの作業の手間が増え、育苗の長期化により作業が煩雑になっていた。採りっきり栽培では、セル成型苗を用いることにより鉢上げは行なわず、大苗養成のためのほかの方法に比べて作業を簡略化でき、専用ホーラーによる深植えにより生育温度の確保や省力化を図ることができる（図18）。

4 品種の選び方

採りっきり栽培に適している品種の条件について、明治大学（神奈川県川崎市）では、２０１７〜２０１９年の3か年にわたって、「ウエルカム」や「ガインリム」などの日本国内で広く流通している品種や明治大学で育成中の系統などを用い、採りっきり栽培における品種比較試験を実施中であるが、まだ断定的な書き方はできない。以下は、いくつかの品種を比べる際に「どちらかといえば、こういう特徴の品種を選ぶべきであろう」というように読んでいただきたい。

（1）耐寒性や低温伸長性の優れる品種

採りっきり栽培では、慣行に比べて早期に定植を行なう。専用ホーラーを用いた深植えにより植え穴内の温度を確保するが、定植時期の温度はアスパラガスの生育適温に比べてかなり低い。また、採りっきり栽培で重要になる大株養成のためには、従来の露地栽培に比べて早期に定植し、株養成期間を前進させる数か月間を利用して、いかに株養成を進めるかが重要なポイントとなる。そのため、耐寒性や低温伸長性の優れる品種を用いることにより、生育の遅延を防ぎ、大株養成のためによいスタートダッシュを切ることができる。

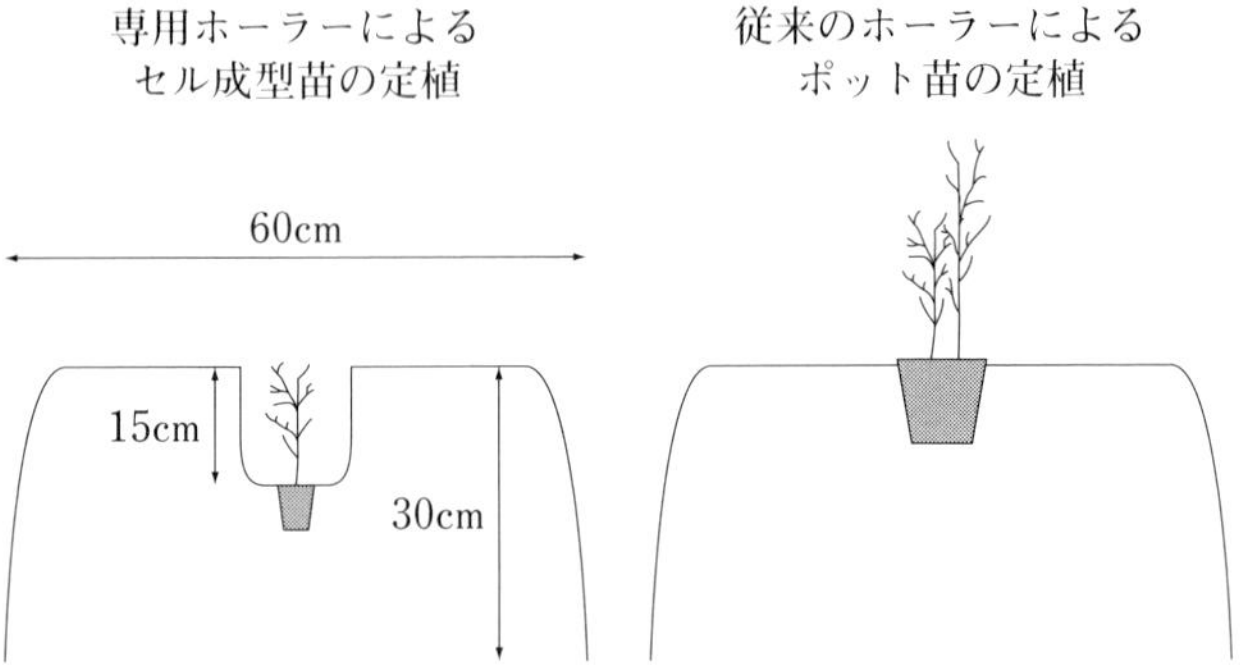

図18 「採りっきり栽培」の専用ホーラーを使った深植えと従来法の比較

(2) 萌芽が早く、萌芽数の多い品種

採りっきり栽培では、株養成においても重要になる大株養成のため、なるべく早い時期に植物体を大きく繁茂させ、光合成能力を高めて同化産物を多く生産する必要がある。そのためには、高い光合成能力をもった植物体を、光合成に適した環境下で長期間栽培する必要がある。アスパラガスの光合成に好適な温度は20±5℃程度とされている。採りっきり栽培の定植から養成茎の立茎時期において、若茎の萌芽が早く、さらに萌芽数が多いことが、植物体の早期の大きな繁茂につながり、最終的には株の「力」が高まった大株を養成できる。

(3) 休眠が浅く、低温期に萌芽性のよい品種

採りっきり栽培がねらう収穫時期は、アスパラガスの旬と呼ばれる春季のなかでも、供給量が減少する端境期の4月ごろである。そのため、休眠が浅く、低温期に萌芽性のよい品種を選ぶことが、端境期に出荷し、収益性を高めるカギとなる。

(4) 太ものが長く収穫できる品種

春どりのイメージがより鮮明となる「太もの」(L級規格以上の若茎)は、採りっきり栽培においても重要な役割をになう。太ものを長く収穫できる品種を選ぶ。

(5) 株養成中の生育が旺盛な品種

株養成の出来不出来と翌春の収量との関係について多くの報告がある。株養成中の生育が旺盛な品種は、多収を示すことが多い。2018年時点で、採りっきり栽培に多く採用されている品種は、グリーンアスパラガスの「太宝早生」や「ウインデル」、ムラサキアスパラガスの「満味紫」などである。これらの品種は、ほかの品種に比べて収量性や耐寒性、休眠性、萌芽時期な

表5　おもな「採りっきり栽培」用品種

太宝早生	全雄 早生品種	伏せ込み促成栽培および採りっきり栽培専用品種。早生品種で太さと収量が安定している
クリスマス特急	全雄 早生品種	伏せ込み促成栽培および採りっきり栽培専用品種。早生品種で茎数が多く、品質がよい。ポイントは大株づくり
ウインデル	雌雄混合 極早生品種	伏せ込み促成栽培および採りっきり栽培専用品種。極早生品種で樹勢は旺盛、干ばつにも強い
満味紫	雌雄混合 晩生品種	露地春どり栽培および採りっきり栽培用品種。鮮やかな濃紫色。穂先の締まりがよい

いずれもパイオニアエコサイエンス(株)の品種

採りっきり栽培®のメリット

- 露地栽培で定植翌年に本格収穫可能、毎年株を更新するので病気リスク減、紫品種も良い。
- 九州と北海道の端境期（4、5月）に収穫でき、地産地消＋市場への出荷も見込める。
- 露地栽培のためハウス等の設備投資にかかる費用が不要。

分15〜20 kg /10a 程度　●追肥：チッソ成分10 kg /10a (数回に分けて)

9月頃の萌芽状況　株元に注目

黄化～養分転流の様子

4月下旬の萌芽状況

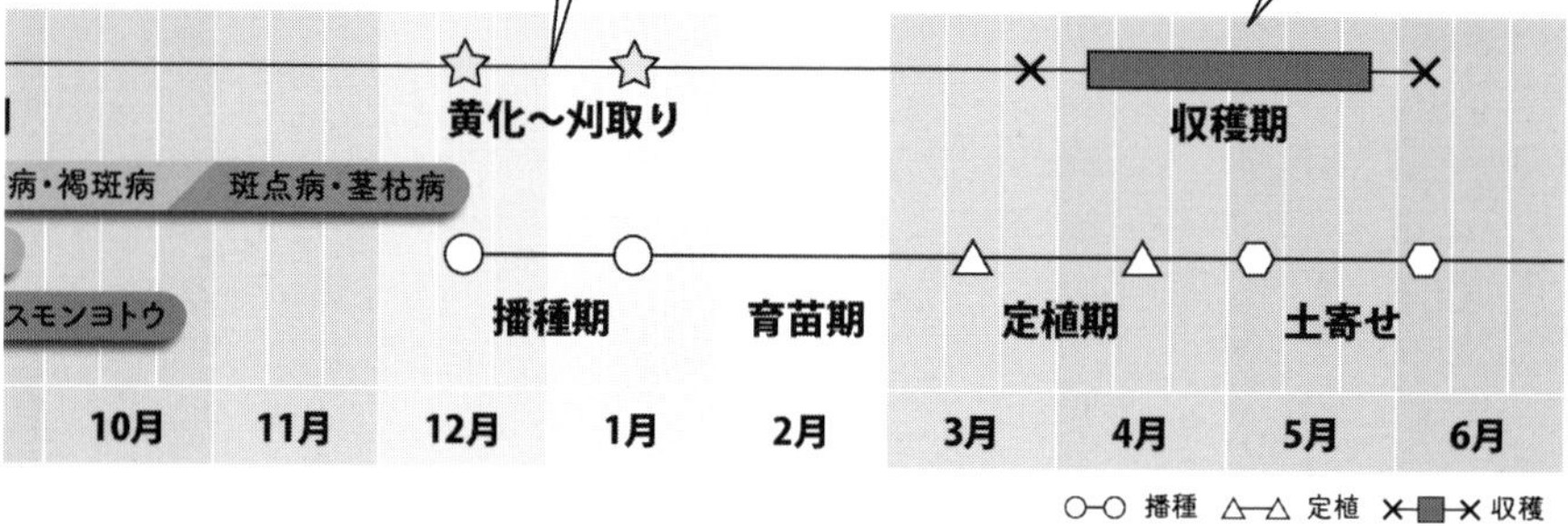

病斑が見えると、秋頃に病害が拡大して止まらなくなる。特に9月頃からの防除が重要。

◆追肥を行う場合は生育を見ながら数回に分けて行う。**ただし、秋冬に樹勢が強すぎると養分転流しにくいため、10月上旬までとする**

※気候条件によっては、この時期でも病虫害が発生するため、必ず生育状況を確認しておく

◆養分転流は平均気温 15～ 16度、最低気温 10度になるとスイッチが入り約 30日間かけて行われる。養分転流で来年の収量が決まる（写真⑤）

◆年末から年明けに黄化し、茎が割れだしたら刈取り、マルチをはがす

◆3月下旬～6月上旬にかけて収穫。収穫期間は60～90日前後、全て収穫（写真⑥）

◆この作型は、1年で終了することで防除の手間を軽減！収穫終了後はすきこむ

☆今後、株同士が競合しないように栽植密度をできるだけ上げたり、栽培技術により株養成量をより多くすることで、1～1.3t/10aを目指す（明治大2016年収穫実績より）

★後作に、スイートコーンやミニニンジンがおすすめ。

さらに詳しく知りたい方は、Facebook グループ：「アスパラガス採りっきり栽培をじっくり考える会」にてご紹介しております。是非ともご覧くださいませ。
URL　https://www.facebook.com/groups/378608159013646/

QRコード

パイオニアエコサイエンス株式会社と明治大学が共同で作成した採りっきり栽培の栽培指針

アスパラガス栽培の常識を変える！目指せ1t / 10a ！

アスパラガス採りっきり栽培®

ハウスの必要性・収穫までの期間が長い・定植翌年からの本格収穫は難しい、
といったアスパラガス栽培の常識を変える新栽培法が誕生！

●栽植密度 約1800株　株間40cm　畝幅140cm　ベッド幅60cm　●基肥：チッソ成

128穴セルトレイで育苗　専用ホーラーを使うと作業効率アップ!!　マルチ焼け対策として土寄せを行う

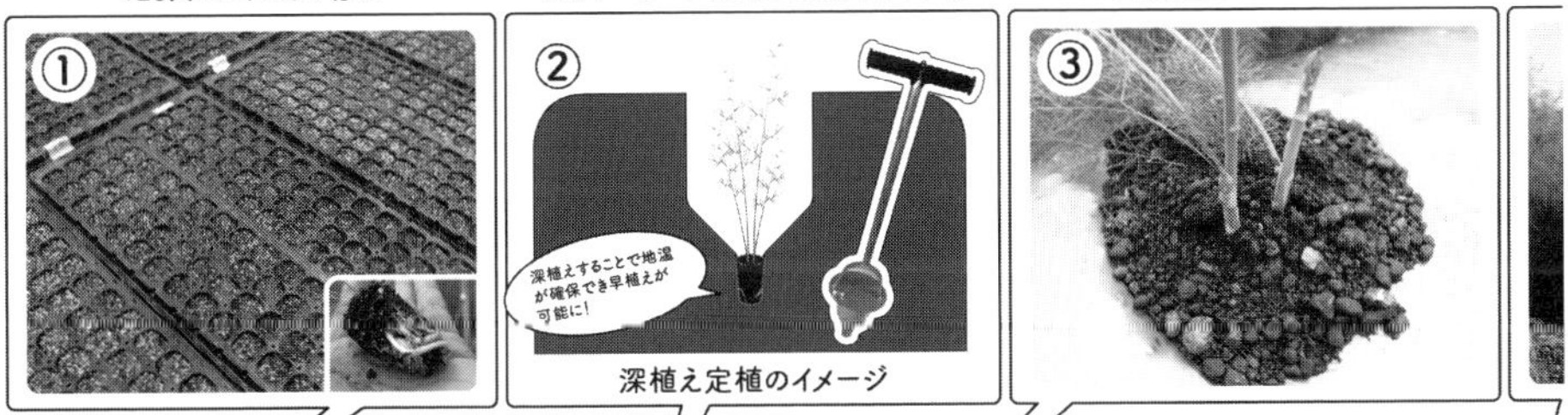

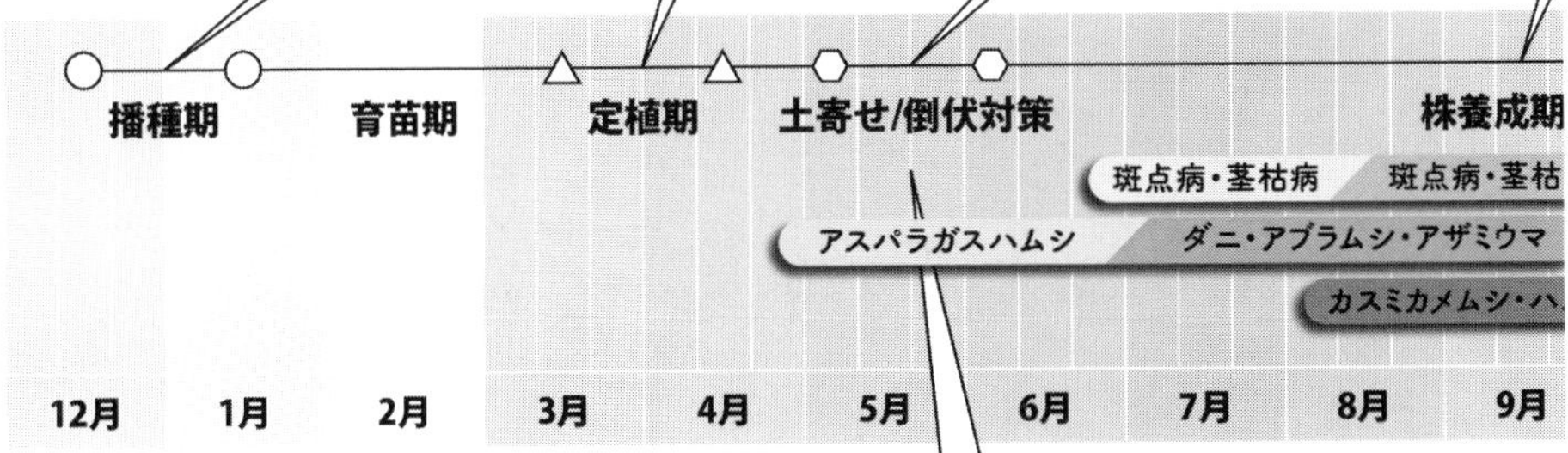

採りっきり栽培　栽培概要

◆12月中旬～1月中旬にかけて播種（写真①）
　※セル苗定植の場合
◆2月中旬～4月下旬にかけてセル苗をダイレクト定植
※雨後のしっとりした状態でマルチを張る
　マルチは黒を使用し、除草と乾燥を意識する
　マルチは135cm（平畝）か150cm（高畝）にする
　年内収穫はないので雑草対策が重要
※専用ホーラーを使用し早期定植を心がけ、できるだけ生育期間を長くする（図②）
◆ 5月頃から生育が旺盛になるため病害虫予防を心がける
※この頃、マルチ焼けを防ぐために植え穴をふさぐように土寄せを行う（写真③）
※萌芽が盛んになり、背丈も高くなるので支柱と

フラワーネットの施工例

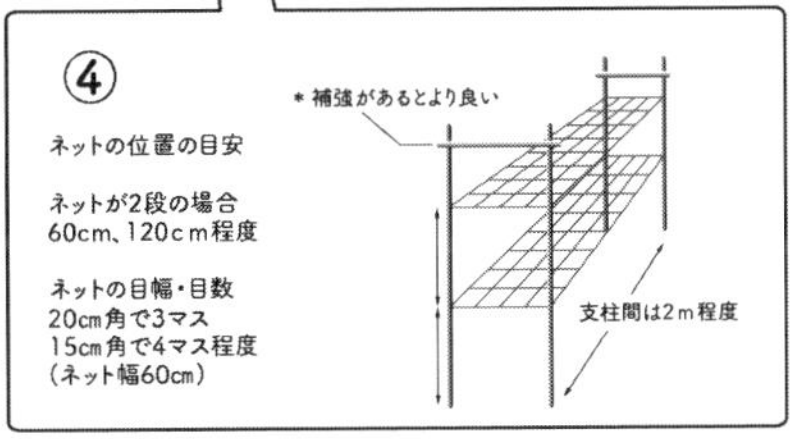

フラワーネット等で倒伏防止対策をする（図④）
◆ 6月から 10月までは 2週間ごとに防除を行う
※病気：茎枯病、斑点病対策等　虫：アザミウマ・カメムシ類・ヨトウガ
※茎枯病については、Mクラス（6~7mm程度）の茎が発生する頃から予防を徹底する。潜伏期間は約20日あるため、萌芽の段階から防除する。少しでも

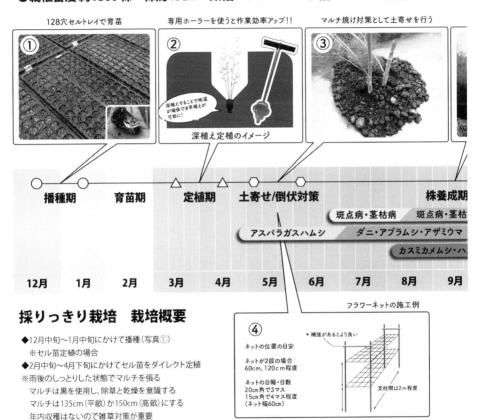

どのバランスがよく、前述の品種特性を具備することから、採りっきり栽培に多く採用されている（表５）。

5 収量目標と作業暦

採りっきり栽培では、当面の出荷目標を10ａ当たり８００kg程度としている（10ａ当たり１８００株程度の場合）。これは、次のような条件を考慮しての数字である。

明治大学（神奈川県川崎市）における２０１６～２０１８年収穫の３か年の採りっきり栽培の栽培試験では、10ａ当たり１０００～１２００kg程度の実績があり、２０１６～２０１７年収穫の千葉県君津市や２０１８年収穫の千葉県成田市、神奈川県川崎市麻生区黒川地区などでも、10ａ当たり１０００kg程度の実績がある（図19）。

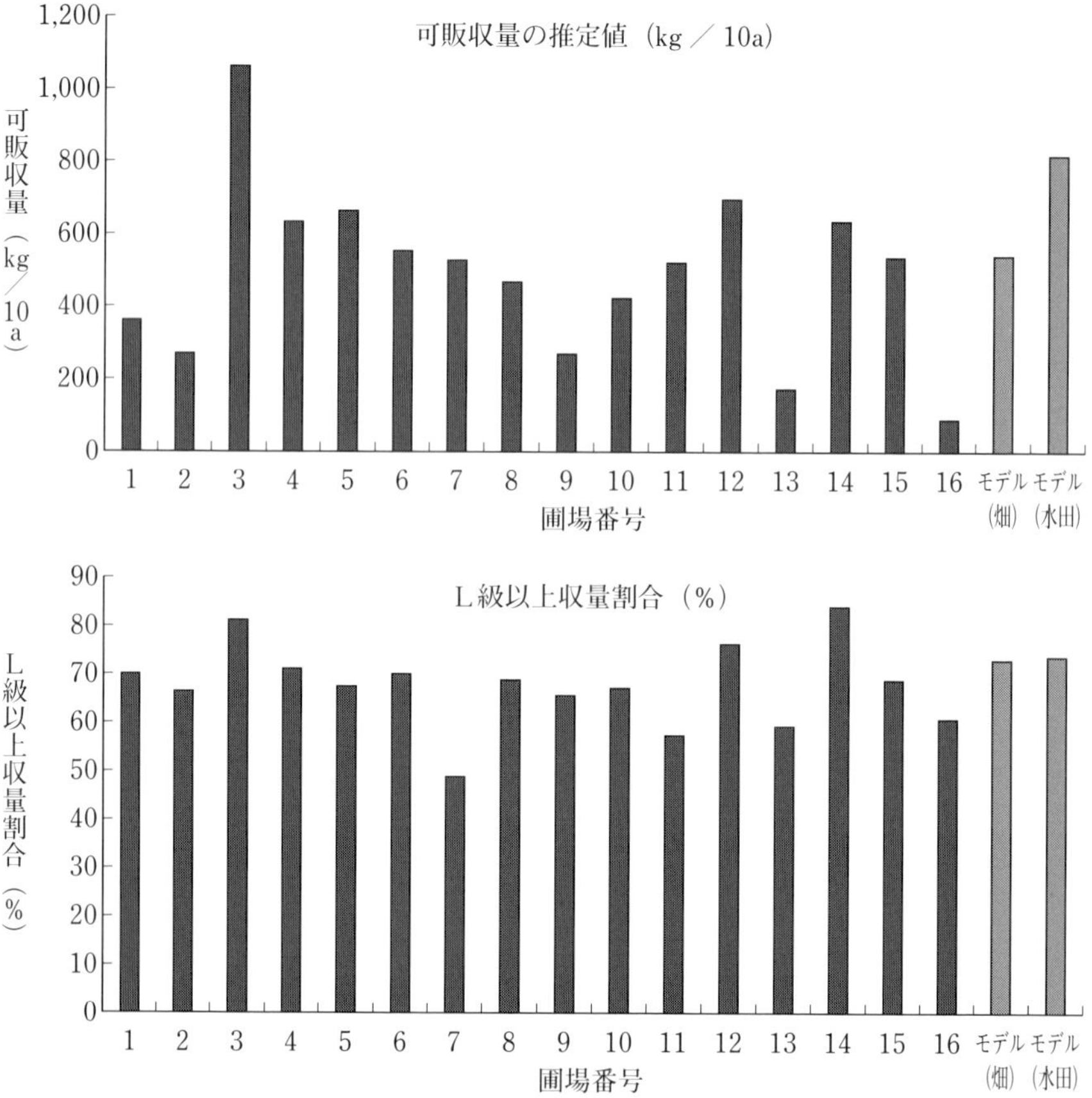

図19 「採りっきり栽培」初心者の初年目の実績（2018年春収穫、神奈川県川崎市）

Ⅲ　「採りっきり栽培」の実際

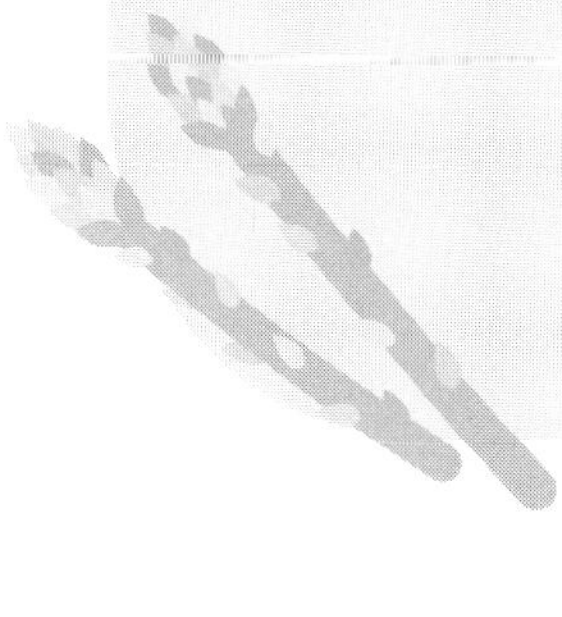

1 畑の準備

（1）畑の選び方

アスパラガスは、土質をあまり選ばないが、排水がよく、しかも保水力があり、有機質の多い土壌が適する。

水田転換畑の栽培も可能であり、これについては別の項目を設けて説明す

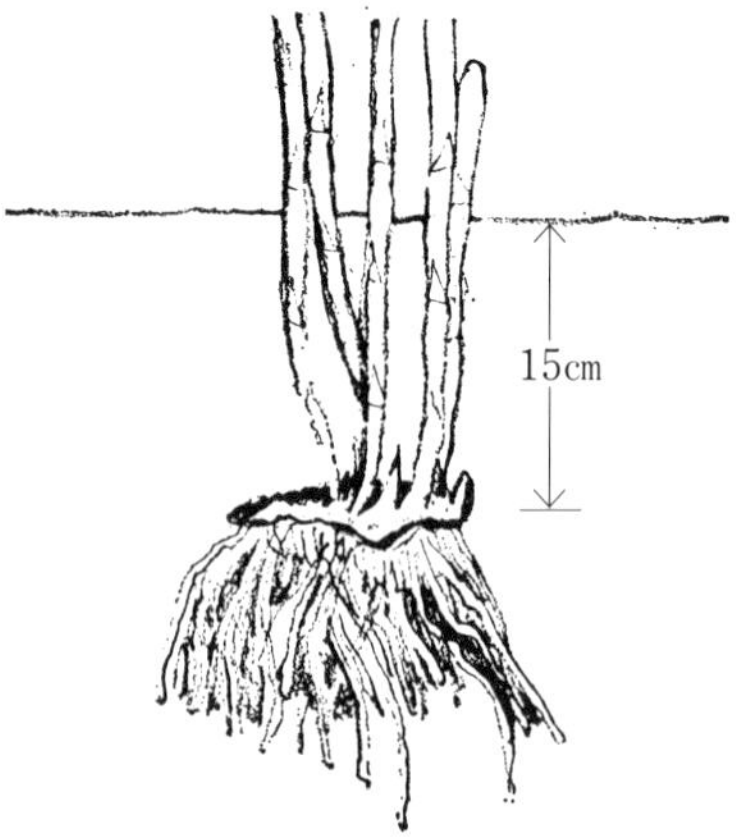

図20　覆土の深さ（沢田英吉原図）
収量性や水管理から判断して適正な厚さの覆土

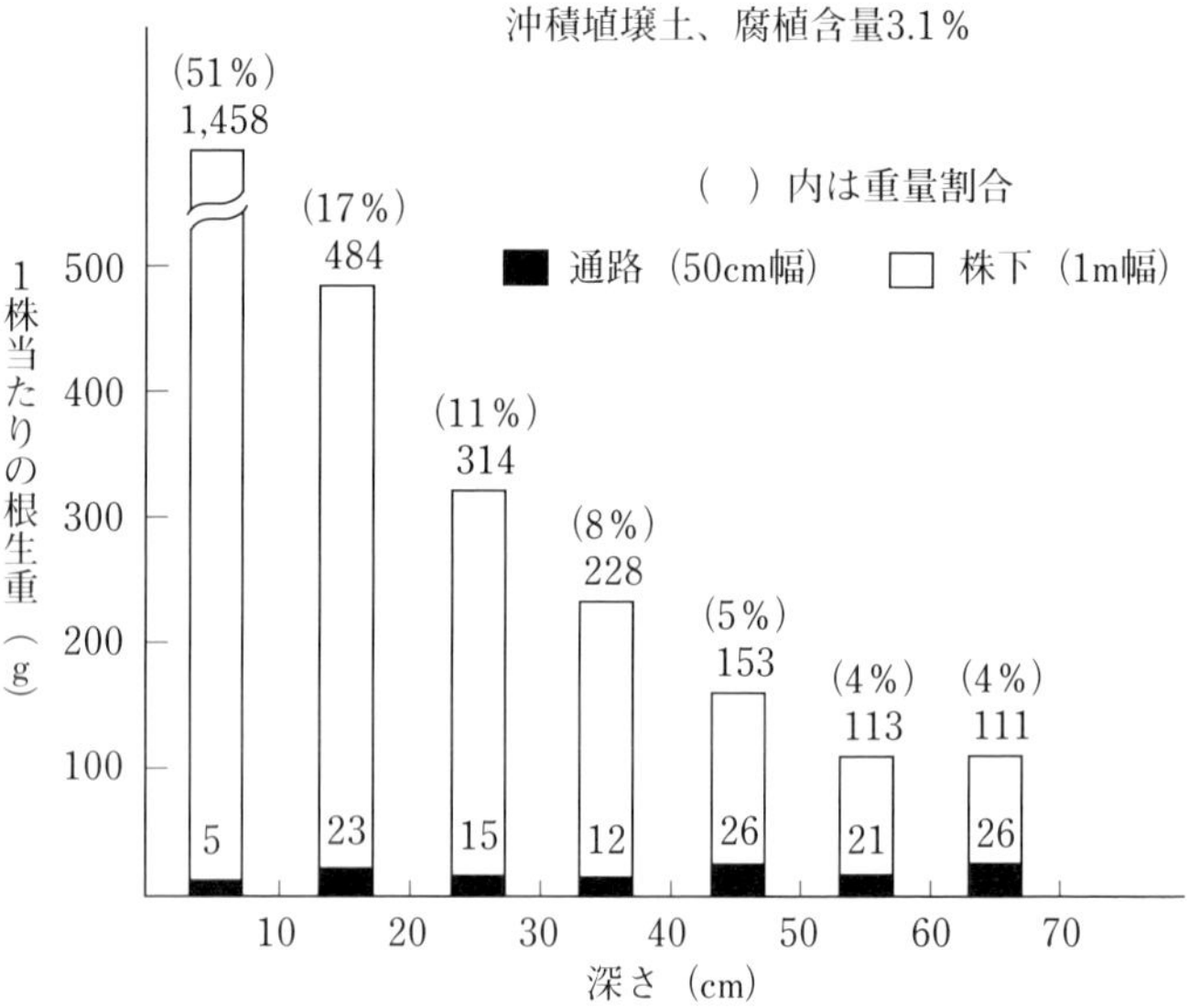

図21　アスパラガスの13年株の根群分布（長野野菜花き試、1991）

るが、地下水位が高い場合には高うねなどにしてアスパラガスの根圏域を確保する。

土壌中における鱗芽群および地下茎の位置はとても重要である。その判断基準は、鱗芽群および地下茎を地表から15cm程度に位置させ、すんなりと根を張らせることができるかどうかである（図20）。

鱗芽や地下茎が浅い場合には、乾燥害や凍霜害に遭いやすい。アスパラガスの根の70％以上は、地表から30cm程度までに分布しているため、定植前に40cm以上の根圏域（作土層）が確保できるとよい（図21）。アスパラガスは土壌水分にとくに敏感で、光合成と同化養分の転流や蓄積にも多くの水分が必要である。そのため、圃場の作業性と併せて水利の便を考え、日当たりがよく、風通しのよい圃場を選ぶことが増収につながる。

スイートコーン→ブロッコリーとの組み合わせ（千葉県君津市の事例）

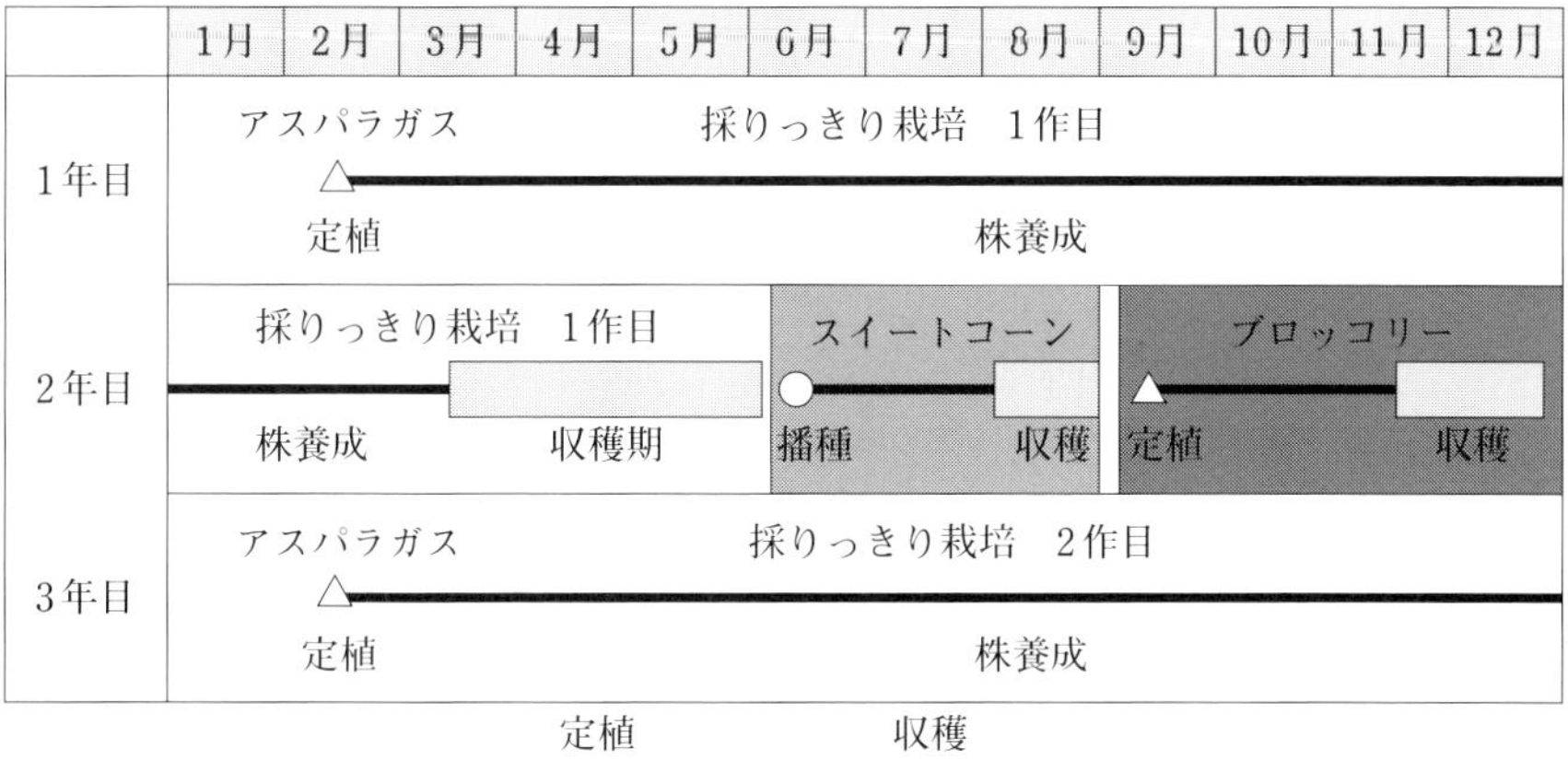

レタス→水稲との組み合わせ（柴田、2018）を改変

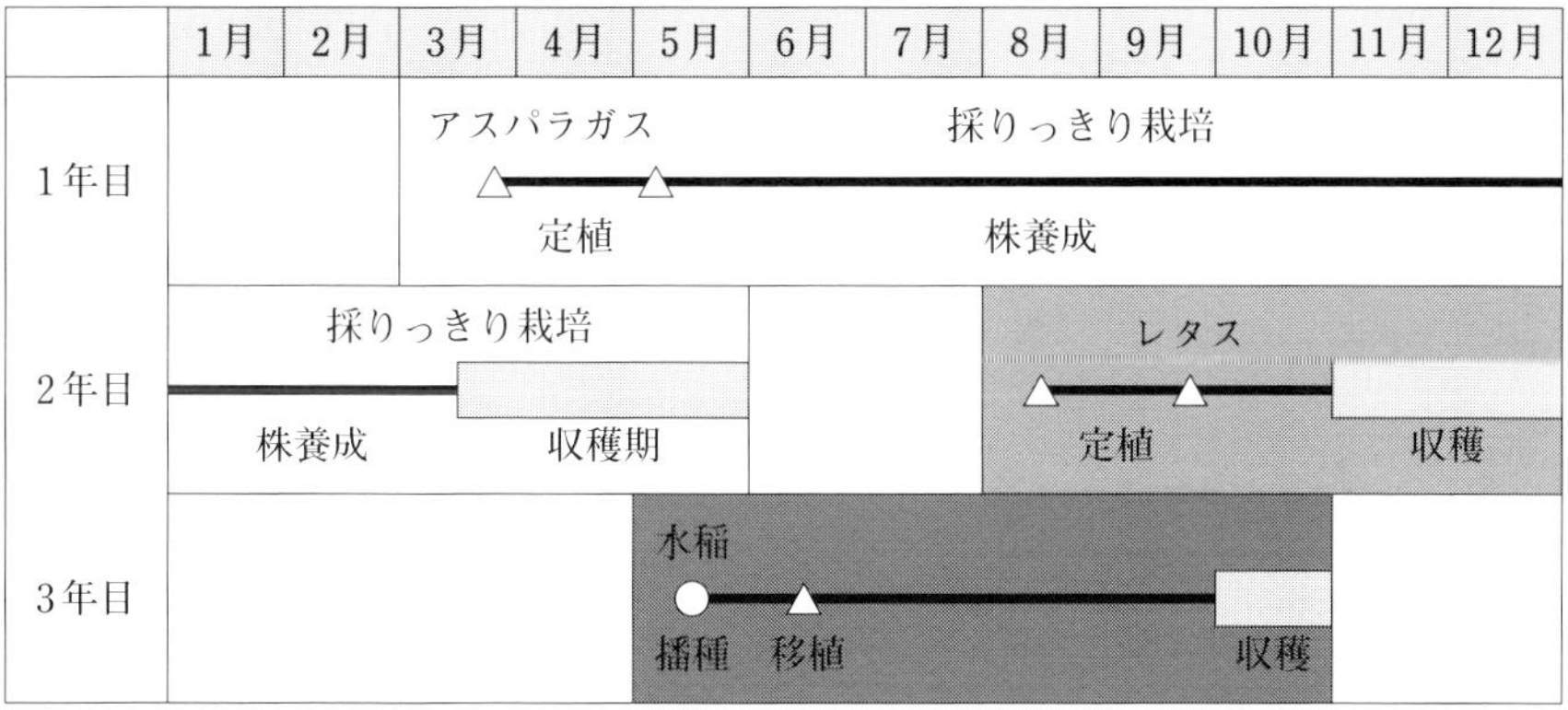

図22　「採りっきり栽培」を利用した作付け計画の例

写真23　「採りっきり栽培」のあとのスイートコーン栽培（千葉県君津市、蕪野有貴）

（2）作付け計画を立てる

採りっきり栽培でアスパラガスを毎年収穫するためには、毎年新たに定植を行なう圃場の確保が必要になる。

採りっきり栽培における一作の栽培期間は、栽培1年目の2～4月の定植から、翌年の6月の収穫終了までの1年3～5か月程度かかることから、同一の圃場に2年連続で定植することができない。そのため、ほかの作物との輪作を行なうなどして、計画的に作付けする必要がある（図22）。たとえば、明治大学が採りっきり栽培の現地実証試験を行なった千葉県君津市では、1年目：採りっきり栽培（1作目）の株養成、2年目：採りっきり栽培（1作目）の収穫→スイートコーン（夏どり栽培）→ブロッコリー（年内どり栽培）→3年目：採りっきり栽培（2作目）の株養成の順に輪作し、採りっきり栽培における輪作体系構築の可能性を検討したところ、2年目のスイートコーン、ブロッコリーともに市場出荷が十分可能であった（写真23）。

写真24　「採りっきり栽培」→スイートコーン栽培のあとのブロッコリー栽培（千葉県君津市、蕪野有貴）

一方、長崎県農林技術開発センターでは、1年目：採りっきり栽培の株養成、2年目：採りっきり栽培の収穫→レタス（冬どり）、3年目：水稲という輪作体系を提案している（写真24）。

（3）土壌改良

ここでは、長期どり栽培を含む一般的なアスパラガス栽培に共通する土壌改良について述べる（表6）。

先に示した条件を満たさないような、土壌改良が必要な圃場では、土壌改良資材と堆肥などの有機物（堆肥は必ず完熟したものを使用）を10a当たり4t程度全面施用し、耕起を深めに行ない、土を膨軟にするとともに明きょや暗きょによる十分な排水対策を行なう。

土壌改良資材は土壌条件によって使用量を加減する。たとえば、定植前に深耕ロータリーやバックホーなどを使って40cm以上の作土層を確保し、暗きょなどによる排水性の改善を行なったうえで、有機物（完熟堆肥）を10a当たり4t程度施用する。有機物の施用は、通気性や排水性などを改善するだけでなく、肥料養分の補給効果もあり、圃場の保水効果も向上させる。

土壌が硬くなると根の伸長は阻害され、水の移動もできなくなり、作物の生育が不良となる。土の硬さと植物の根の伸びとの関係は、表7のとおりである。

表6　土壌改良の目標

項目	目標
有効度の深さ	40cm以上
ち密土	山中式硬度計20mm以下
地下水位	50cm以下
pH（H_2O）	5.5 ～ 6.5
EC（1：5）	0.2 ～ 0.6mS/cm

注）EC＝電気伝導度

表7　土の硬さと植物の根の伸びとの関係

（井上、2008）

土壌硬度	植物の根の伸び
10mm以下	干ばつの危険大。親指が自由に入る
10 ～ 15mm	ちょうどよい。力を加えれば親指の根元まで入る
15 ～ 22mm	やや硬いが根は伸びる。力を強く加えると、親指の半分くらいまで入る
22 ～ 25mm	根は少し入るが伸びが悪い。力を入れても親指が入らない
25mm以上	根が入りにくい。湿害が心配される

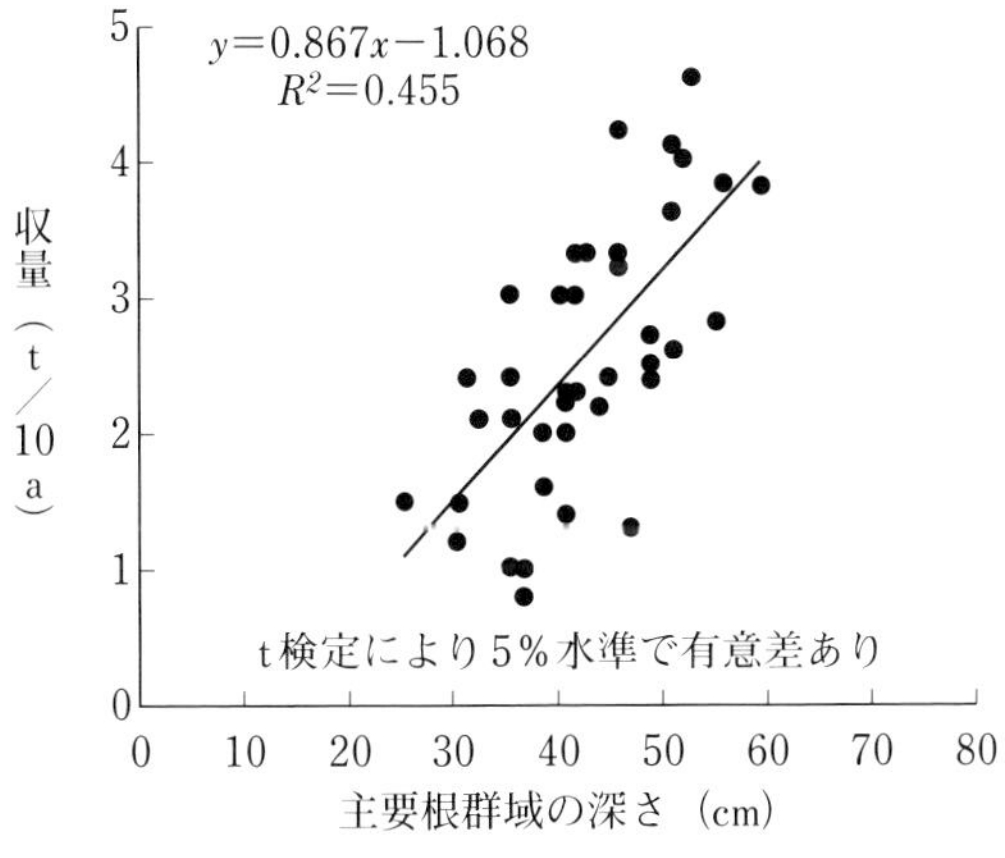

図23　アスパラガスの収量と主要根群域の深さとの関係（井上、2008）

アスパラガスの収量と主要根群域の深さとの間には、ほぼ直線的な正の相関が認められる（図23）。土壌が膨軟であれば、根が深く張るため高収量が期待できる。アスパラガスの土壌硬度の改良は20㎜以下を目標とし、長期的に根域を確保する土づくりが重要である。

土壌改良の考え方を条件別にみると以下のようになる。

①火山灰土壌（黒ボク土）

堆きゅう肥の施用は、火山灰土壌の化学性の改良ばかりでなく、土壌の物理性や生物性など土壌の悪い面を総合的に改善するのに役立つ。また、堆肥に含まれて施されたリン酸は、アルミニウムとの結合をさまたげるため、アスパラガスに効果的に吸収される。

リン酸が欠乏しやすいため、リン酸の増肥に心がける。その目安としては、水田や普通畑では乾土100g当たり有効態リン酸含量で10㎎以上、野菜畑では20㎎以上とする。なお、80㎎以上では増収効果が期待できないため、増肥の必要はない。

また、火山灰土壌は酸性になりやすいため、石灰を施用して酸性を中和する。この場合のpH値の目安は、水田では水抽出で6・0、畑では水抽出で6・0～6・5とする。

カリやマグネシウムなどの塩基類のほか、ホウ素やマンガ

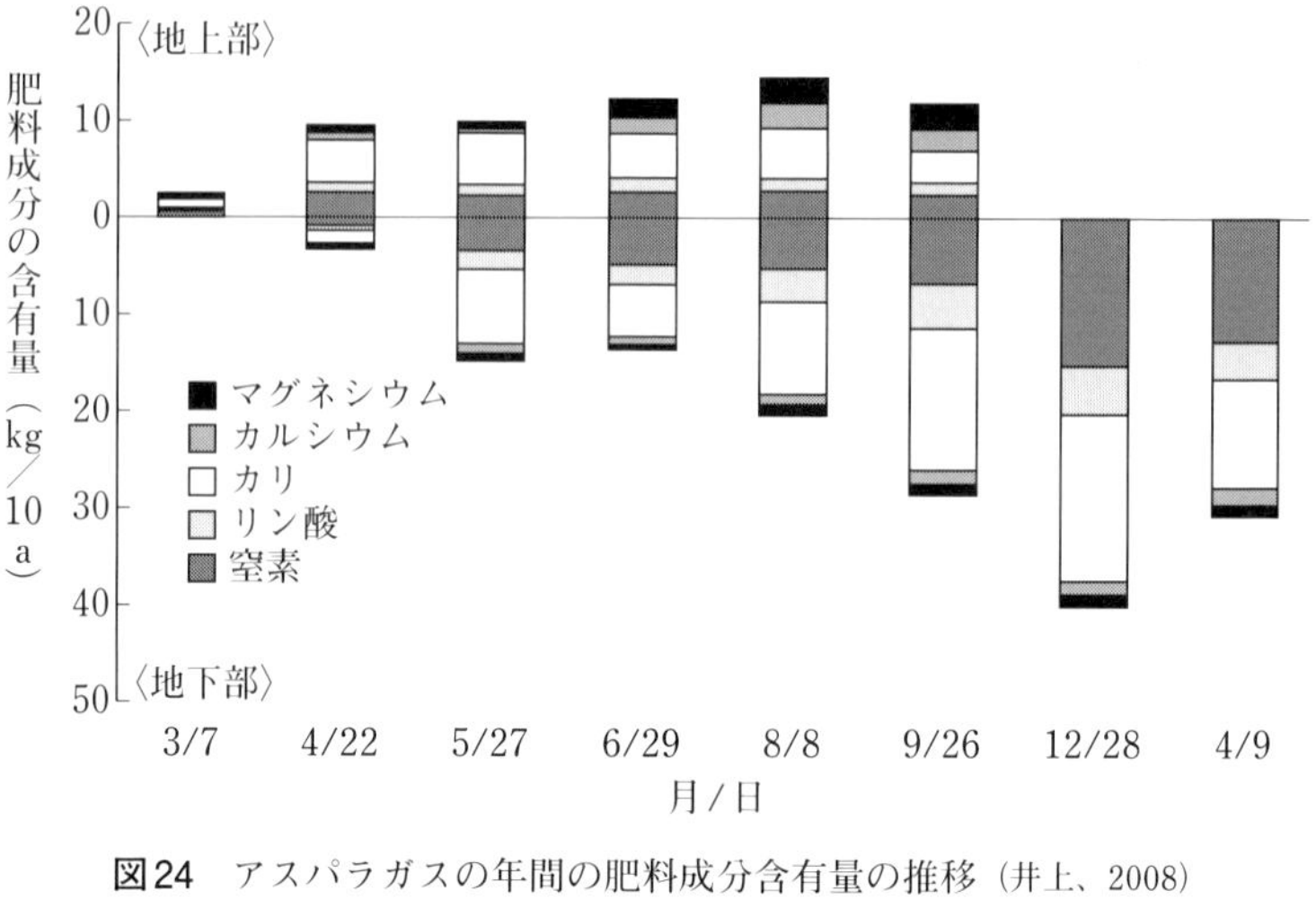

図24　アスパラガスの年間の肥料成分含有量の推移（井上、2008）
アスパラガス１～２年株を時期別にソイルブロック分割法で掘り上げて調査、分析

ン、モリブデン、鉄などの微量要素が欠乏しやすいため補給する。

作土の浅いところや作土直下に硬いち密層が形成されているところでは、深耕する。（図24）

②砂質土壌

土壌養分に乏しいため、石灰質およびリン酸質の土壌改良資材を十分施用し、肥料は2割増しとする。CEC（陽イオン交換容量）が低く、保水力も弱いため有機物を多めに施用する。耕土が浅いため必ず深耕を行ない、根域を拡大させる。土壌流亡を極力抑えるため、テラス（段々畑）を整備する。

③粘質土壌

強度の粘質土壌は、一般に通気性や透水性が悪く、根の発達がよくない。

下層は土壌養分に乏しいため、深耕時に石灰質資材を十分施用する。有機物を施して土壌の緩衝能を高めるとともに、深耕と心土破砕を行ない、土壌の物理性を改善する。

④作土の浅い土地

作土が浅く、その下が強粘土質層、または硬い地層があると、根は深層まで伸びることはできない。土壌硬度と収量との間には高い負の相関が認められ、地表から20～40㎝の層の土壌が軟らかいほど収量が多く、硬くなるにしたがって直線的に収量が低下する。

⑤地下水位の高い土地

アスパラガスは深根性であるが、地下水位の高い土地では根に対する酸素の供給が不十分となり、根が伸長できない。地下水位の高い土地ほど上根が多くなり、収量も低下する。高品質多収の圃場は、いずれも排水性がよいのが特徴である。

⑥石礫の多い土壌

グリーンアスパラガス栽培の場合には、多少の石礫があっても、それほど問題にはならないが、ホワイトアスパラガス栽培の場合には、通常は培土を行なうため、石礫の多い土壌では若茎がわん曲するなどの障害が発生しやすくなる。

（4）化学性の改良

化学的な土壌改良の目安としては、まず、アスパラガスの最適pH値は5・8～6・7であり、酸性土壌に弱い。アスパラガスは酸性が強くなると吸収根が出なくなるため、土壌pH値の改善が必要である。

土壌pH値が、診断基準の下限値を下まわる場合は石灰質資材を施用する。その場合、土性が重要である。土性は、土の細かさを示し、粘土では粒が細かく、砂土では粒が大きい。この土性に応じて土壌改良資材の炭酸カルシウム（炭カル）などの施肥量を加減する。また、腐植が多くなると、石灰の施用量も増える。

土壌pH値の低い圃場を酸度矯正する場合、炭カルや水酸化カルシウム（消石灰）を一度に多量に施用してもpH値はすぐにはあがらない。石灰質資材の1回の施用量は10a当たり300kgを限度とし、除々にpH値をあげていく。

土壌診断結果から、①強酸性で早く改良しなければならない場合は生石灰を、②強酸性で早く改良し、マグネシウムも補給しなければならない場合は苦土消石灰を、③強酸性ではないが長期的に改良する場合は炭カルを、④強酸性ではないが長期的に改良し、マグネシウムも補給しなければならない場合は苦土石灰を施用する（図25）。

アルカリ分は、炭カル53％、消石灰65％、生石灰85％、苦土石灰45％、カキガラ石灰46％である。同じアルカリ分を施用する場合、消石灰なら炭カルの施用量の82％に、生石灰は62％、苦土石灰は96％、カキガラ石灰は115％とする（たとえば、炭カル100kgに相当する消石灰は82kg）。また、火山灰土壌の場合は普通土壌に比べて比重が軽いため、そのさらに70％とする。なお、カキガラ粉末などの有機石灰は遅効性であり、多量施用による害は出にくい。また、石灰は散布後十分に土と混和をしないと、化学肥料中のアンモニア性チッソと反応して揮散し、リン酸肥料の効果を悪くする。

土壌pH値が、上限値を上まわる場合は、アルカリ度の強い石灰質資材、リン酸質資材、石灰を多量に含む有機物の施用を中止し、石灰やリン酸の補給を硫酸カルシウムや過リン酸石灰、重焼リンなどに切り替える。土壌pH値が基準値の範囲内にあるときには、現状のpH値を維持するため、苦土石灰（苦土カル）などを10a当たり60～80kg程度施用する。

従来の土壌診断は、下限値に対する改善が中心であったが、アスパラガスなどの多肥作物や施設野菜では、乾土100g当たりの可給態リン酸含量が100mgを超える土壌もめずらしくなくなった。リン酸過剰はカルシウムや微量要素の吸収を阻害するため、収量がなかなかあがらない。そのような場合は、リン酸の減肥が必要である。

（5）堆肥と基肥

アスパラガスは多肥型の作物である。アスパラガスの根域は広く深いため、施肥反応は鈍く、肥料が多いか少ないかは判断しにくい。そのため、多収をねらうあまり多肥栽培に陥りやす

土壌分析結果

＜分析結果＞

各成分の単位はmg/kg、括弧内はmg当量、塩基バランスは％です

BSESリンサンはpHが6.5未満、Bicarbリンサンは6.5以上の場合のリンサンです

		低い	やや低い	適正	やや高い	高い
pH（1:5 water）	6.5			●		
EC	0.3			●		
硝酸態 チッソ	82				●	
BSES リンサン	1,455					
Bicarb リンサン	631					●
カリ	632(1.62)					●
カルシウム	2,998(14.99)				●	
マグネシウム	478(3.98)			●		
ナトリウム	160(0.69)				●	
イオウ	73			●		
亜鉛	13.9				●	
銅	0.2	●				
マンガン	4.14				●	
鉄	0.6	●				
ホウソ	0.21		●			
塩素	33			●		
塩基バランス						
カリ	7.05			●		
カルシウム	65.14		●			
マグネシウム	17.3			●		
ナトリウム	3.02				●	

TEC（総合塩基置換容量）　23.01

＜分析センター＞

パイオニアエコサイエンス株式会社
PSラボ／MRDC
〒329-0923
栃木県宇都宮市下栗町695-6
TEL 028-688-0391
FAX 028-688-0392

＜分析依頼者＞

農家名	S 様
作物	アスパラガス
ブロック	
定植予定日	
採取日	平成29年11月7日
分析日	平成29年11月15日

＜診断＞

担当者　横溝/橋口

コメント

＊ pHは適正範囲にあります。 但し、リンサンが集積してきていますです。
リンサンはカルシウムや亜鉛と結合して作物に吸収されにくい形態（難溶解性）の化合物として蓄積しています。 この化合物は、土壌を硬くして貯蔵根や吸収根の伸張を妨げたり、透水性の劣化の原因になったりします。 栽培期間中は、「PSリンク」や「PSアクティベーター」の定期施用で、リンサン化合物を再溶解性にして、土壌のリフレッシュを図りましょう。

＊ 塩基類（K・Ca・Mg・Na）のバランスが少し崩れています。 バランスを整えるために炭酸苦土石灰を投入してください。
また、透水性や通気性、保肥力のアップを図るために「イワミライト」、有効微生物の増殖を促進する目的で「微生物とその棲家」の投入をお勧めします。
微量要素類も低レベルですので「健作くん」を投入しましょう。

元肥	Kg・L／10a	N	P	K	Ca	Mg
完熟たい肥（ビガーグリーンなど）	5,000					
炭酸苦土石灰	80				32	13.6
イワミライト（ゼオライト）	100					
味力満菜（オール有機6-6-3）	200	12	12	6		
微生物とその棲家（微生物資材）	45					
健作くん（微量要素補給剤）	10					
合計		12	12	6	32	13.6

この結果は、当研究所に持ち込まれたサンプルの分析値です。サンプリングの方法、環境や管理上の条件等の変動要因により、この結果及びそれに対する処方が作物に十分反映されなかったとしても、当研究所は一切責任を負いません。処方は分析結果及び農家からの聞き取りを基に忠実に行われたものです。

図25　土壌分析結果の例

く、肥料焼けで吸収根が弱って減収した事例も見受けられる。採りっきり栽培では、株養成が長期間にわたるため、施肥の遅れや肥料切れを起こさないように注意する必要がある。肥料には肥効調節型肥料や有機質肥料など、ゆっくり溶け出す肥料を用いたほうがよい。ただし、有機質肥料を使う場合には分解スピードが遅いため、早めに施す必要がある。

採りっきり栽培の10a当たりの堆肥および施肥量は、暖地や温暖地では、堆肥が4t程度、基肥が窒素成分で15kg程度であり、アスパラガスのほかの作型に比べて少なめに施す。

栽培は1年間の長期にわたるため、緩効性肥料やコーティング肥料などの肥効がある肥料や有機物を含んだ肥料を主体として施用する。最終的な施肥量(土壌改良資材も含む)は土壌診断をもとに決める。

よい土づくりには豊富な有機物や堆肥の投入が重要であるが、過剰に施用しすぎると、かえって減収してしまうことがある。アスパラガスはほかの作物に比べて、かなりの多肥でも生理障害が少なく、以前は「畑のブタ」とも呼ばれ、多量の堆肥や化学肥料が施用されてきた。しかし、それによりリン酸過剰やカリ過剰の圃場が増え、改植後の生育にも悪影響を及ぼすことが明らかになってきた。チッソが多いと地上部の生育は進むが、養分の転流や蓄積は低下する。茎葉の過繁茂は、養分の消耗や病害虫の発生を助長し、見かけの生育ほどの収量はあがらない。近年は堆肥の多量投入や過剰施肥によって根焼けを起こし、生育が停滞したり、成長点が枯死したりする例が多く見受けられる。地上部の生育を抑えて、効率的な養分蓄積を進めるような株管理と堆肥や肥料のやりすぎは正反対にある。アスパラガスの増収には土壌物理性の改善だけでなく、土壌中の

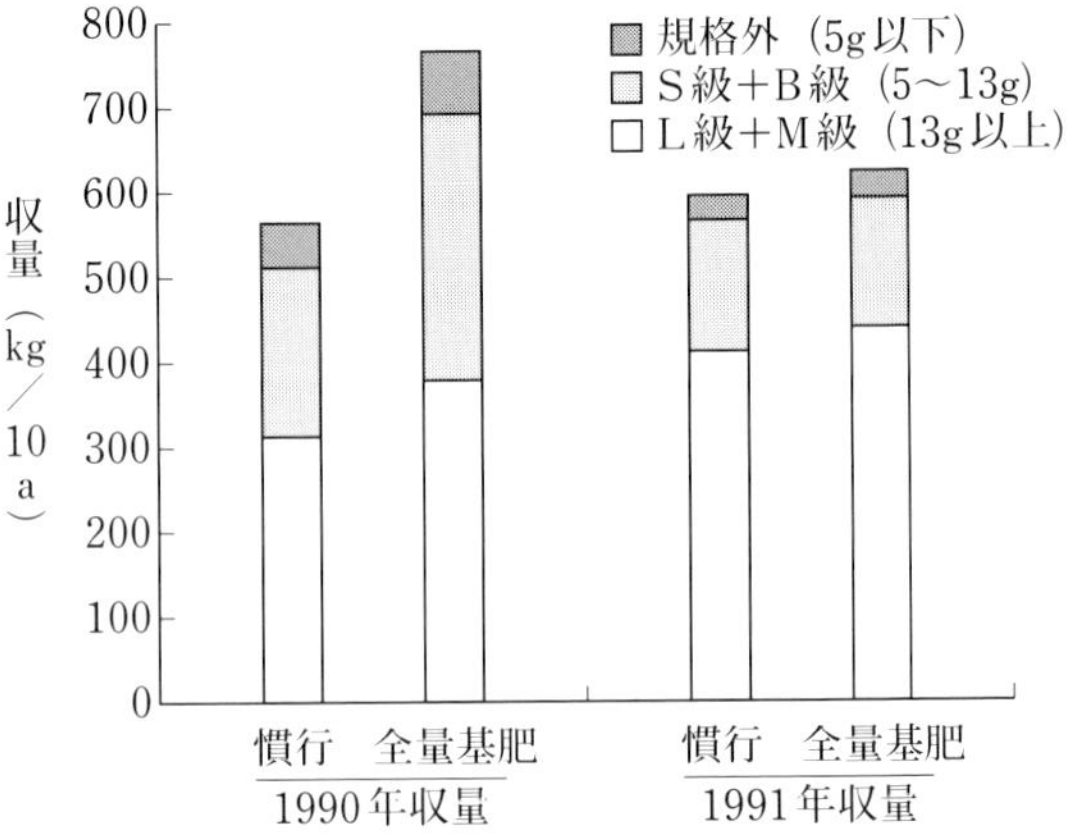

図26 アスパラガスの当年どり栽培における肥効調節型肥料による全量基肥施肥法の増収効果

(重松、1992)

カリ、カルシウム、マグネシウムなどの塩基バランスも良好に保つことが重要である。

近年、堆肥や化学肥料の過剰施用によってカリ分が過剰蓄積して土壌の塩基バランスを崩し、適正な肥効をさまたげる例も出ている。圃場がカリ過剰になると、チッソやマグネシウム、また株養成の後期に吸収が増えるカルシウムなどの吸収が阻害され、減収する。北海道で収量が高い圃場とそうでない圃場を調べたところ、収量の低い圃場ではカリ過剰の傾向が認められている。アスパラガスにおける改植後の減収要因でも、堆肥や化学肥料の大量投入の可能性が考えられる圃場が多く見受けられる。

採りっきり栽培は、輪作を基本としているため、圃場を連続して利用できるような作付け体系が望まれる。今日求められているのは、多肥ではなく、バランスのよい施肥である。

(6) 肥効を高める一発施肥

基肥の一発施肥は、肥効調節型肥料を用いて基肥のみで栽培する施肥法である。アスパラガスは施肥量が多いため、基肥に加えて何回か追肥する施肥法がふつうであるが、肥効調節型肥料を使って追肥の省略ができる。

また、一発施肥は、施肥の省力化のみでなく、肥料成分の利用率の向上、施肥量の節減（減肥）、生育や収量の安定化、品質の向上、労力や資材費の節減によるコスト削減、肥料成分の環境への負荷軽減（マルチの併用による溶脱や流亡の防止）などが期待できる。

長崎県総合農林試験場では、肥効調節型肥料を主体とした全量基肥による省力施肥法は実用性が高いことを明らかにしている（図26）。明治大学の採りっきり栽培の試験においても全量基肥を採用し、追肥を省略して栽培している。

2 播種と育苗

ここでは、育苗についてひととおりの解説をするが、苗を購入する場合には読み飛ばしていただいても構わな

写真25　トンネル育苗（川崎智弘）

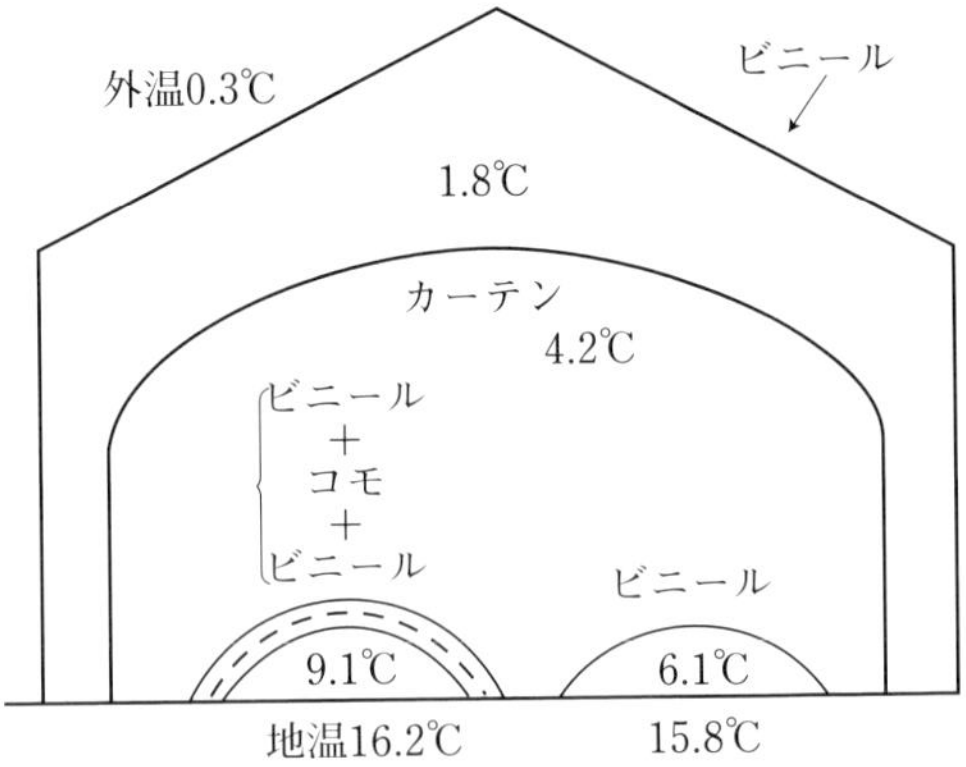

図27　被覆資材による保温効果（長野野菜花き試）

い。購入苗については、この節の末尾で説明する。

（1）タネの準備

アスパラガスの種子は短卵形で、表面は黒色で光沢がある。最近はコート種子がほとんどであるが、単粒ではアスパラガス種子の重さは、20㎖重で15～20g程度、粒数で600～800粒程度になる。

表8　地温とアスパラガスの発芽日数

（ハーリントン）

地温（℃）	0	5	10	15	25	30	35	40
発芽日数（日）	×	×	53	24	10	11	19	28

注　×まったくか、ほとんど発芽せず

定植には健苗を選ぶ必要があるため、播種量には余裕をもたせて、定植する株数より20％程度多めに準備する。かりに、うね幅150cm、株間30cmとすると、定植株数は10a当たりで2222本。育苗本数はその約1・2倍の、2700本程度を準備する。播種量でいえば、単粒で120㎖程度、重量で90～120g程度になる。

一般に販売されているアスパラガスは交配種がほとんどで、種子の均一性が高く、選別もよいため、発芽と生育はよく揃う。ただし、アスパラガスは種皮が厚く硬い硬実種子のため、吸水に時間がかかり、発芽日数がほかの作物より長い。単粒種子は、十分に吸水させてから播種したい。十分に吸水した種子は、吸水前の1・5倍程度になる。

（2）育苗環境の準備

①育苗ハウス

電熱線や温床マットなどを利用して温度を確保し、必要に応じてトンネルも使用する（写真25）。

育苗時の被覆資材による保温効果は、図27のようになる。

②セルトレイ

定植の2～3か月前から苗を準備する。12月中旬～1月中旬ごろにかけて128穴程度のセルトレイに播種する。セルトレイは128～200穴程度で、黒色などの温度が高まる濃い色のものを選ぶ。

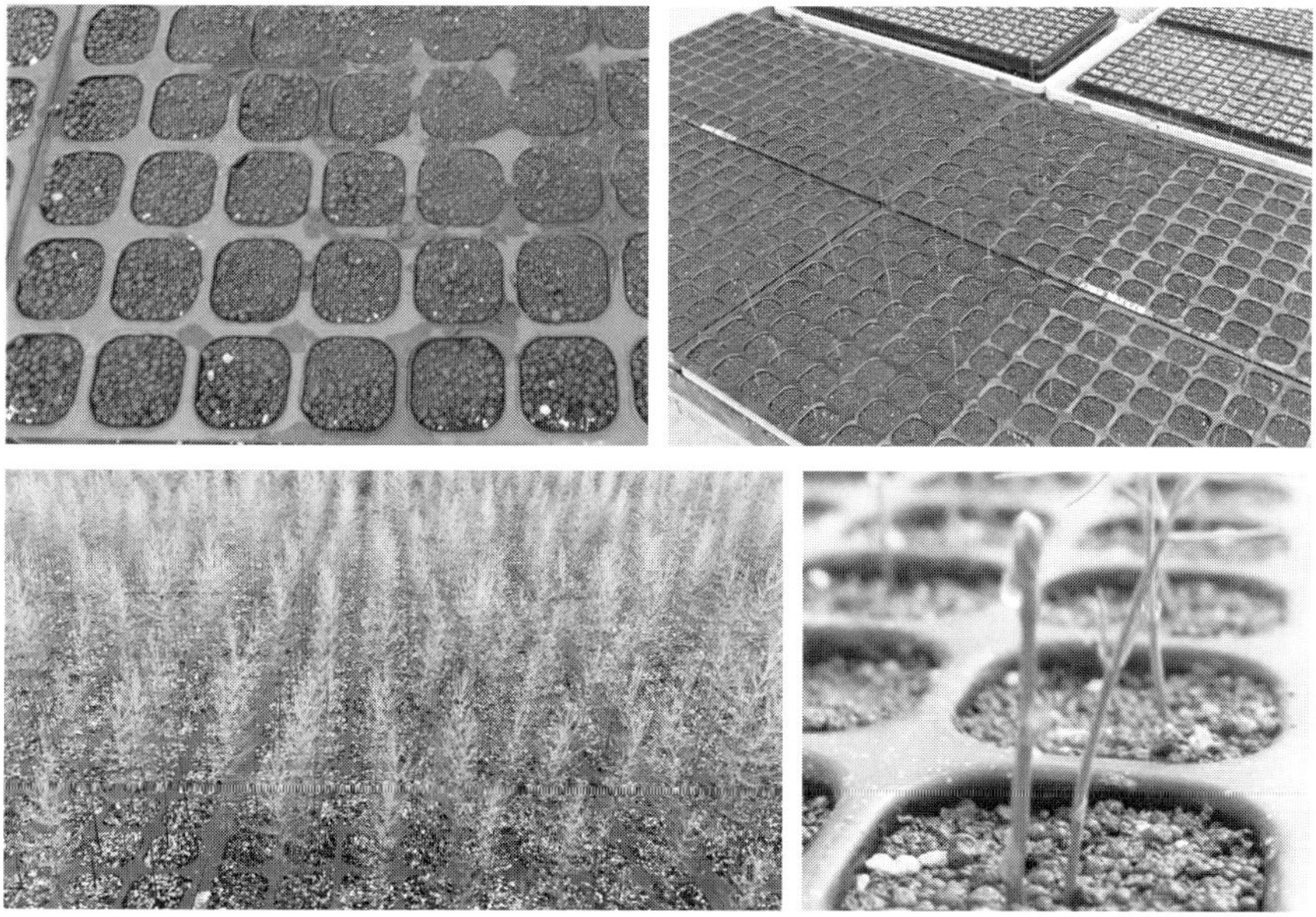

写真26～29　播種および育苗（川崎智弘）

左上：土を詰めたセルトレイ、右上：1本目の萌芽、左下：セル成型苗の発芽揃い、右下：2本目の萌芽

③培養土

育苗培養土には、適度な湿度を保てる培養土を用い、育苗期間が長いため、100日程度のロング肥料を施用するとよい。

（3）播種

128穴のセル成型苗の場合には90日前後の育苗期間が必要である。播種日を決め、播種量は定植苗数の1～2割増しでまく。セルトレイに土を詰め、かん水後に各セルに1粒ずつまく（写真26）。

覆土は1～2㎝程度とし、覆土後に再度かん水する。アスパラガスの種子の発芽温度は25～30℃と高く、この温度帯では種子の90％以上が播種後10日程度で発芽する（表8）。35℃以上では発芽障害が認められ、20℃未満では発芽までの日数が極端に長くなる。地温10℃では発芽までに53日を要し、5℃以下ではほとんど発芽しない。

播種後、最初はたっぷりかん水し、濡れ新聞紙などで表面を覆ってセルトレイの乾燥を防ぐ。乾いてきたら2～3日に1回、10㎜程度のかん水を行なう。発芽後は新聞紙をとる。

（4）育苗管理

①温度管理

発芽後は地温を20℃程度とし、気温は昼間が25℃程度、夜間が15℃以上になるように管理し、乾いたらかん水を行なう。発芽直後の若芽は低温や高温に弱いため、その時期の温度は繊細に管理する。擬葉（ぎ葉）が展開するまでは用心する必要がある（図28、写真27、28）。2本目の萌芽（写真29）が見られるようになったら、最低地温を15℃程度まで落とす。その時期の育苗温度は、気温が日中20～25℃および夜間15～20℃程度、地温が日中20℃前後および夜間15℃以上とする。定植前7～10日ごろから徐々に外気温にあわせた管理を行なって順化させる。

②発芽不良は地温不足や乾燥・過湿から

アスパラガスの種子は、発芽に10日以上の日数を要するが、一般的には発芽は良好である。播種後2週間以上たって発芽の兆候が認められないときは、何らかの障害がある。

一つには地温が考えられる。温床育苗では温度設定が低いか、温床線が正常に働いていない可能性がある。温度

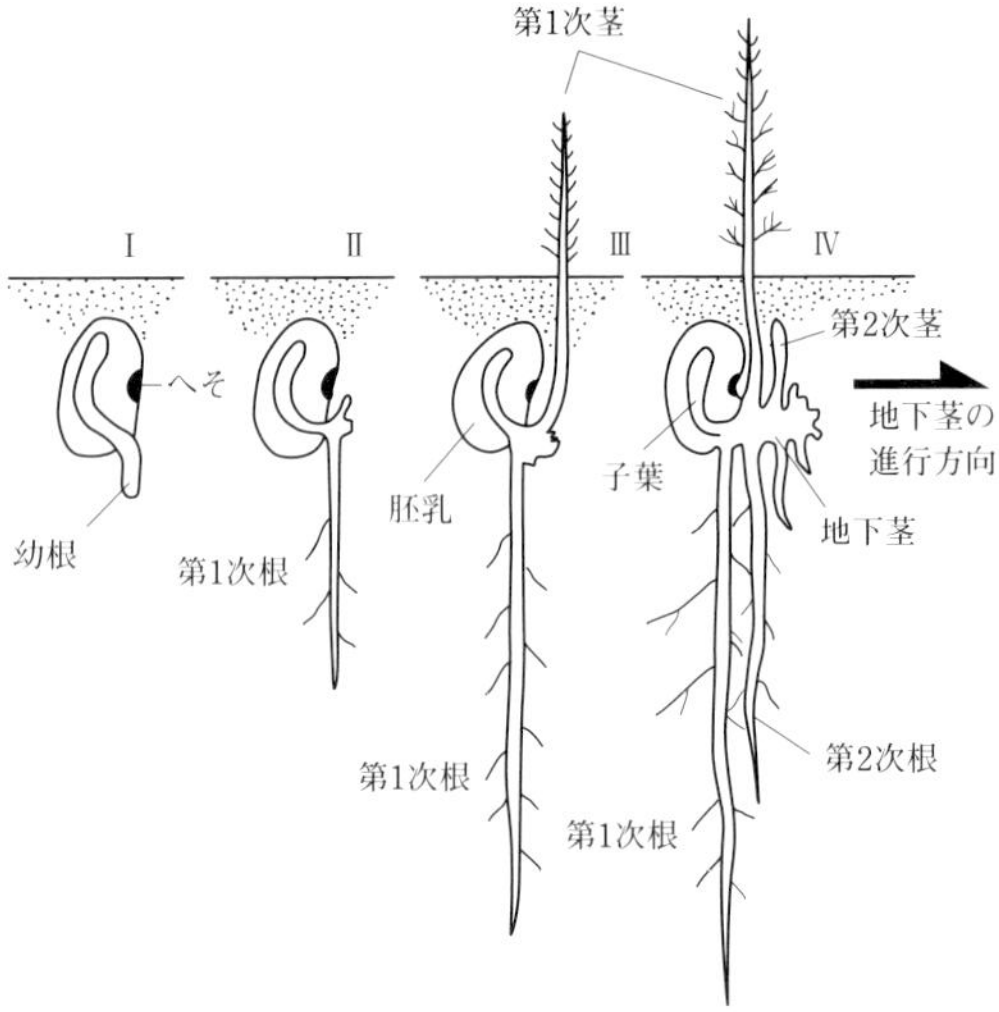

図28　アスパラガスの発芽過程
（沢田英吉原図、1962）
先に根が伸びてから芽が地上に出てくる

写真30、31　育苗の失敗例（川崎智弘）
上：発芽直後の地温不足による根いたみ、下：高温乾燥による障害

計を使って地温を測り、25～30℃が確保できるように修正する（写真30、31）。20℃以下では発芽に問題がある。

二つめは土壌の乾燥や過湿が考えられる。アスパラガスは先に根が伸びてから芽が地上に出る。発芽する前に播種用土が乾燥すると、根が干からびて枯れてしまう。

逆に、過湿の場合は、酸素不足で発芽できず、種子が腐る。シャーレなどで十分吸水させて催芽処理した種子を用いる場合は、播種作業中に乾燥させないように注意する。催芽処理後の乾燥は、発芽の遅れや生育の不揃いをまねく。

アスパラガスの種子は低温・乾燥状態で5～6年以上の発芽能力を保ち、購入後2～3年程度は実用上問題ないが、それ以上古く、保存状態が悪い場合は、発芽が遅れたり、種子が腐ったりするものが多くなる。

（5）苗を購入する場合

育苗ハウスがない場合やアスパラガスに初めて取り組む場合には、失敗しないように購入苗を利用することを勧める。2018年時点では、採りっき

「採りっきり栽培」専用品種についての入手・問い合わせ先

・パイオニアエコサイエンス株式会社
東日本事業所
栃木県宇都宮市東梁瀬 1-5-7
TEL 028-638-8990
FAX 028-638-8998

写真32～34　定植適期の苗
（①②：川崎智弘、③：蕪野有貴）
写真③のスケールは 15㎝

り栽培のほとんどの事例が購入苗による栽培である（写真32～34）。

苗を入手するには、地元農協に相談したり、種苗会社に問い合わせるとよい。

採りっきり栽培用と銘打って種苗を扱っているパイオニアエコサイエンス株式会社の連絡先は前ページのとおりである。

写真35、36　マルチャーの例

3　畑の耕起、うね立て、マルチ

（1）畑の耕起

アスパラガスを栽培するのに好まし

写真37　「採りっきり栽培」におけるマルチと防草シートの設置

（神奈川県川崎市、田口巧）

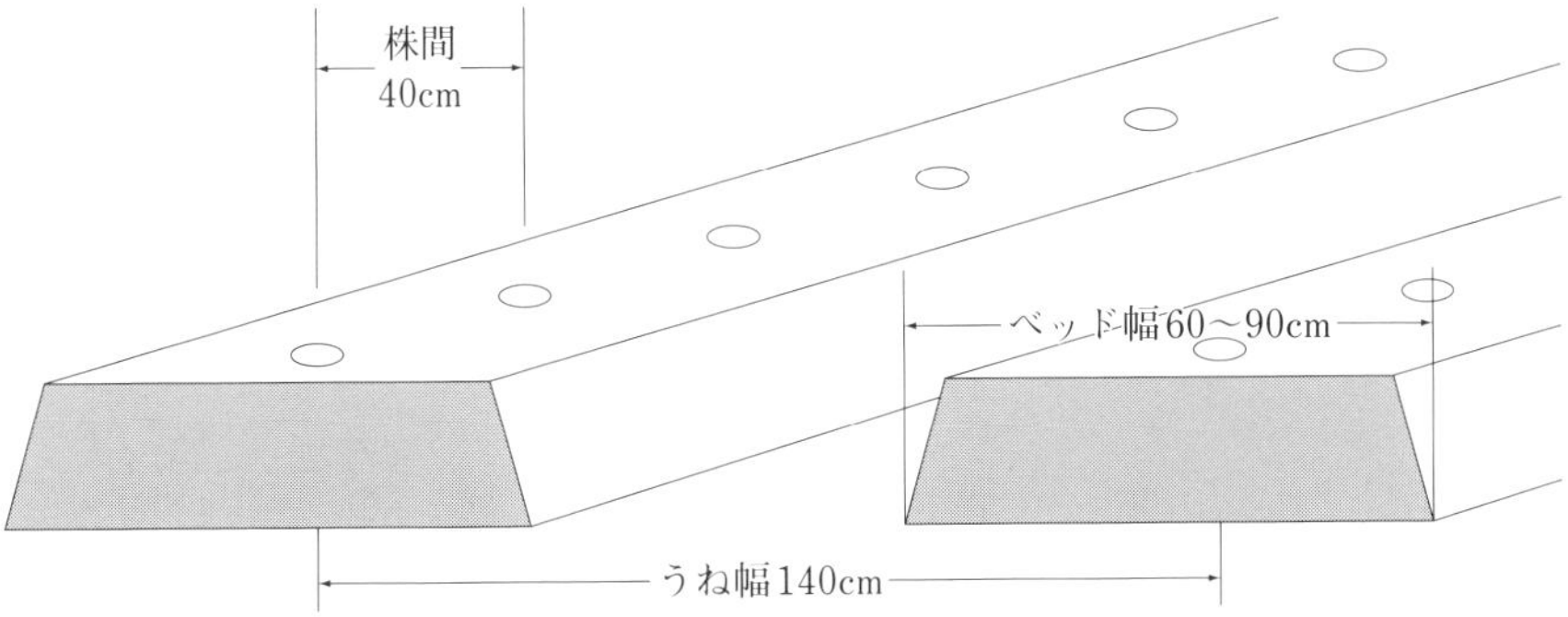

図29　うね幅と株間

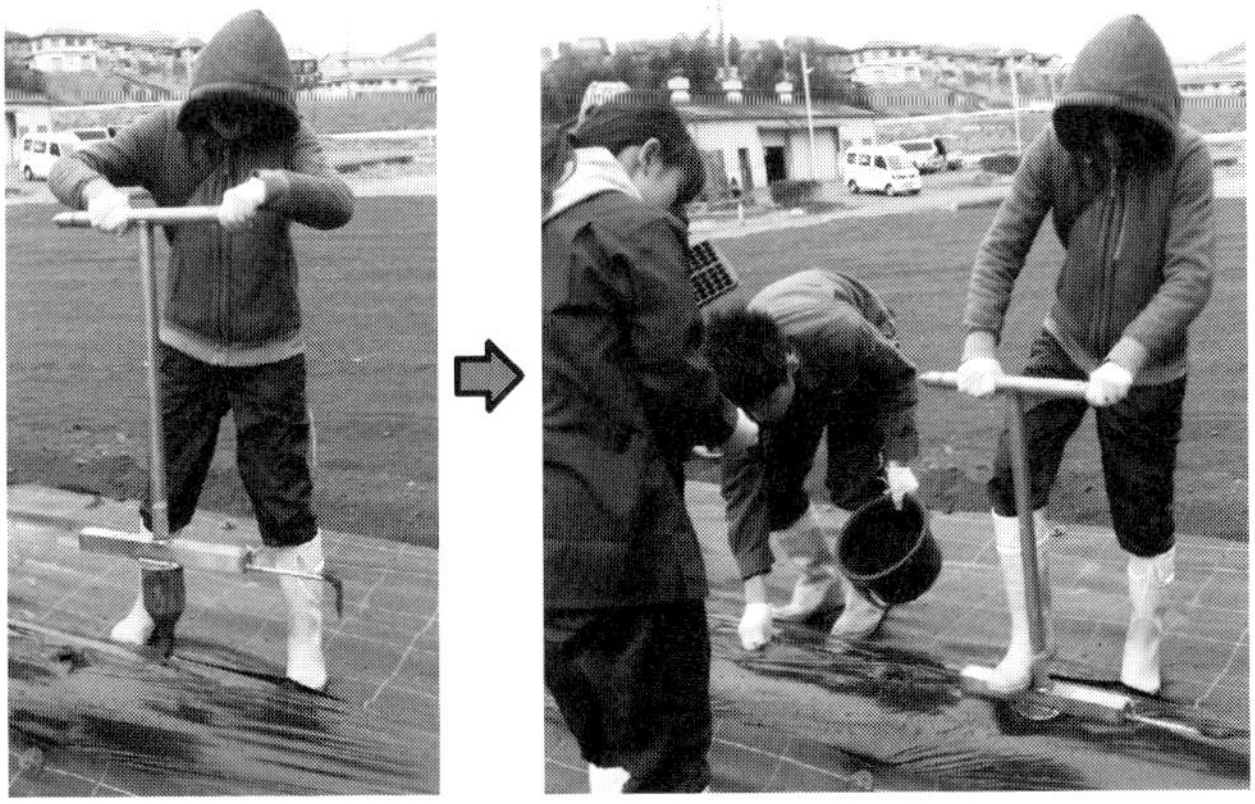

写真38　専用ホーラーを使って植え穴をあけているところ

い土壌にするため、最初に荒起こしを行なう。深耕ロータリーを使えば、アスパラガスの根圏域を広く確保できる。堆肥を全面施用したあと、さらにロータリーで耕耘し、砕土を細かく、土壌を均平にする。施肥はうね立て部分を中心に行ない、マルチャーを使ってうねを立てる（写真35、36）。

（2）うね立てとマルチ

うね立てとマルチ作業は、降雨後のしっとりとした土壌条件で行なう。乾燥が続く場合は、散水用チューブを使って土壌水分が適度になるように全面散水するとよい。少なくとも定植1週間前にはマルチを行ない、地温を高めておく。畑の排水不良が心配される場合は、うねを高さ30cm前後の高うねとする。

マルチは黒や紫（（株）三共製）などの濃い色のものを使用し、除草と乾燥防止を意識する。マルチは、平うねの場合が幅90～135cm程度、高うねの場合が幅135～150cm程度、厚さは0.02mm程度のものを用いる。

うねは、うね幅140cm程度（株間

40cm程度）とし、ベッド幅を60〜90cm程度に成形し、作業性をよくする（図29）。採りっきり栽培では年内収穫を行なわないため、雑草対策が重要である。通路に防草シートを設置することにより、畑全体の雑草対策と乾燥防止に役立てる（写真37）。

「採りっきり栽培」専用ホーラーの入手先

・パイオニアエコサイエンス株式会社　東日本事業所
栃木県宇都宮市東梁瀬1-5-7
TEL 028-638-8990
FAX 028-638-8998

・株式会社進藤総合園芸センター
東京都武蔵村山市本町2-92
TEL 042-560-4063
FAX 042-560-5035
Email shindo-engei@herb.ocn.ne.jp

ハイプロについての入手・問い合わせ先

・株式会社キングコール
神奈川県横浜市中区弥生町2-15-1
ストークタワー大通り公園Ⅲ 9F
TEL 045-241-6001
FAX 045-241-6002
Email info@kingcoal.jp

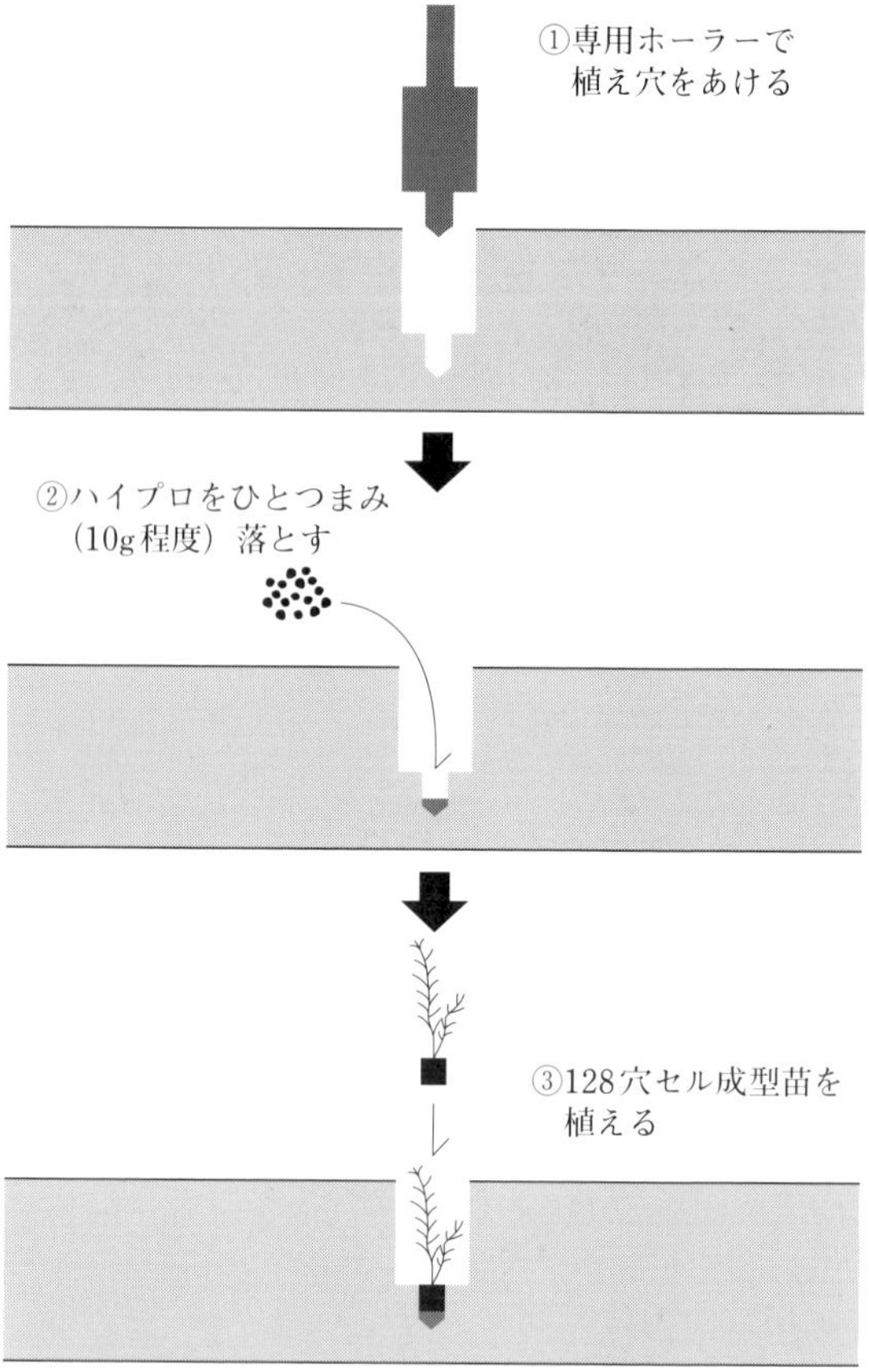

図30　専用ホーラーを使った定植作業3ステップ

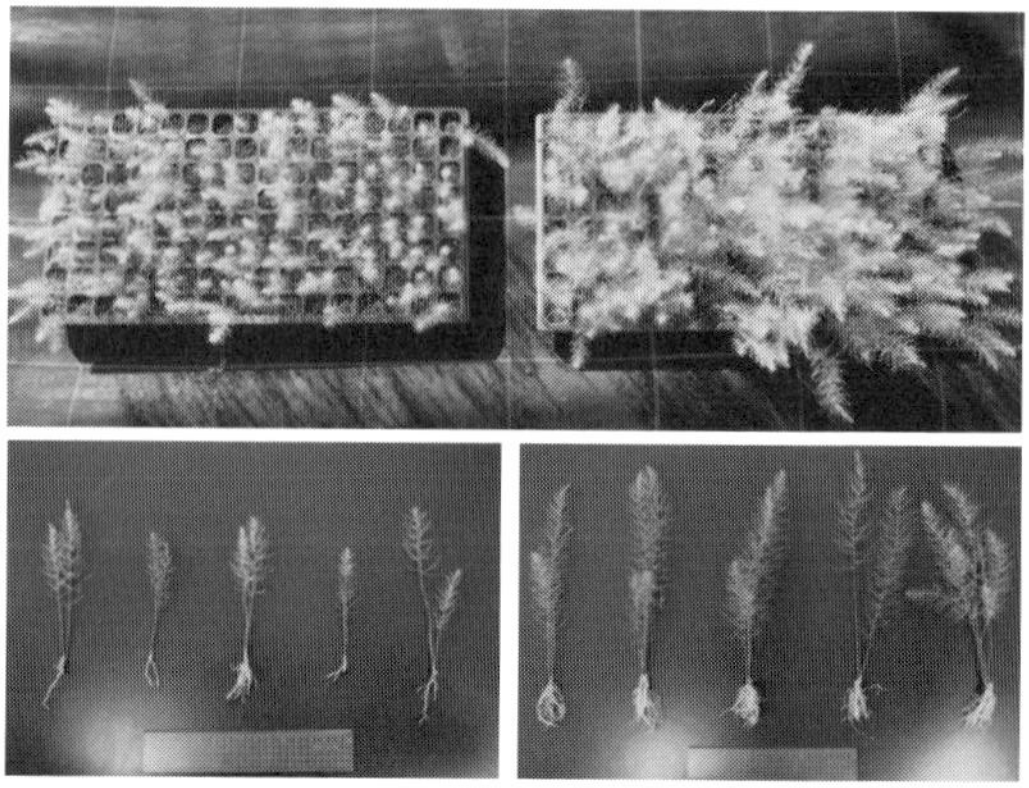
写真39〜41　ハイプロの効果
左：ハイプロなし　右：ハイプロ施用（蕪野有貴）

4 定植

定植日は、晴れて風も穏やかな日を選ぶ。定植前にはセルトレイに十分にかん水しておく。

採りっきり栽培では、専用ホーラーで穴をあけ（写真38）、定植時は活着促進のための炭資材（ハイプロ）を使用するとよい（写真39～41）。

定植作業は、①専用ホーラーで植え穴をあけ、②ハイプロをひとつまみ（10g程度）落とし、③セル成型苗を植えるという3ステップで簡単に定植ができる（図30）。

5 定植後の管理

採りっきり栽培では、通常は定植後にかん水を行なわないため、圃場の土壌が乾燥すると、定植後の苗の活着に影響する。苗が活着するまでは、必要に応じてかん水を行なう。アスパラガ

写真42　凍霜害に遭った定植後の苗（田口巧）

写真43　土寄せ（川崎智弘）
マルチ焼けを防ぐために植え穴をふさぐように土寄せを行なう

生分解性ネット（ＢＣエコネット）についての入手・問い合わせ先

・山弥織物株式会社
　静岡県浜松市西区篠原町 21968
　TEL 053-449-0155
　Email info@bc-econet.com

写真44、45　倒伏を防止するためには誘引が必要（田口巧）
倒伏対策として支柱を立ててフラワーネットなどで誘引する。写真は生分解性のBCエコネット

スは定植後の活着の良否が、その後の生育に大きく影響する。定植後1週間から10日程度は毎日圃場を見回り、活着不良の苗を見つけたら早めに対処することが重要である。苗が不良な場合は植え替え、水分不足の場合はかん水などで対応する。生育初期のかん水は、少量多回数かん水とする。

定植後、凍霜害に遭うと、マルチから出ている擬葉が白化し、生育はいったん停滞するが、しばらくすると次の芽が萌芽して回復するため、そのまま株養成を続ける（写真42）。

6　土寄せ

マルチ下の土の表面とマルチとの間に空間があると、そこに熱気がたまり、アスパラガスの苗が白化し、焼けたような症状になる。それをマルチ焼けと呼ぶ。マルチ焼けを防ぐために、5月ごろに植え穴をふさぐように土寄せを行なう（写真43）。

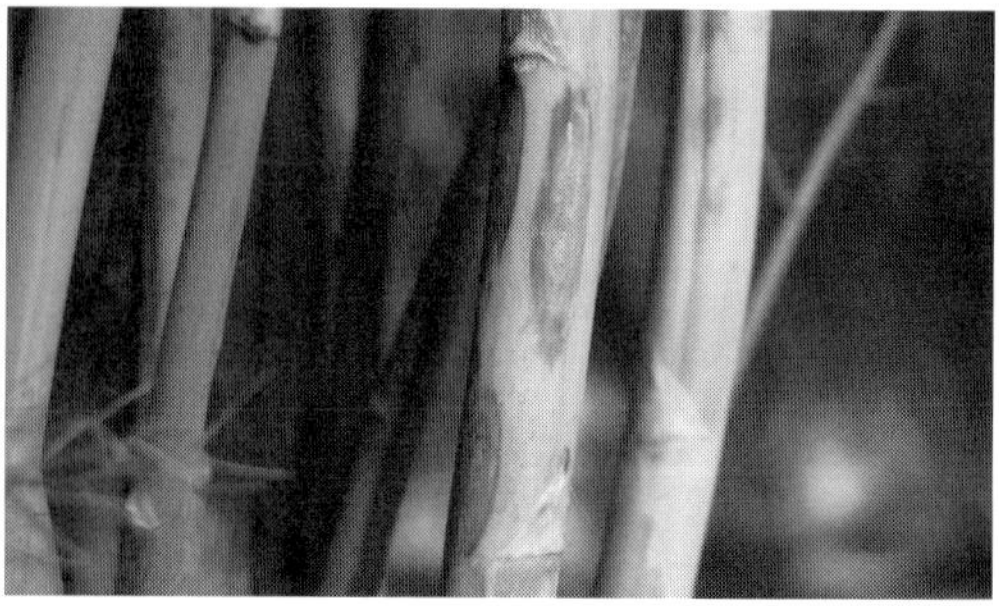

写真46　茎枯病の病斑（田口巧）

7　支柱およびネットの設置

5～6月になると、萌芽が盛んになり、草丈も高くなるため、倒伏対策と

して支柱を立ててフラワーネットなどで誘引する（写真44、45）。支柱は、各うねについて、2m間隔で2列とし、ネットは3段で張る。高さは50、100、150cm程度とする。

誘引ネットには、生分解性ネット（BCエコネット）を利用すると片付けを省力化できる。茎葉刈りとり後、生分解性ネットを茎葉と一緒に土にそのまますき込むと、茎葉とともに分解され、土に戻るため、茎葉とネットを分別して片付ける作業を省力化できる。

8 病害虫対策

採りっきり栽培では、従来の露地栽培と同様、茎枯病や斑点病などの病害、アザミウマ類やカメムシ類、ヨトウムシ類などの虫害が問題となる。

病害虫防除は、太い新たな若茎が萌芽するごとに6～11月にかけて数回行ない、適期の防除を心がける。アスパラガスに登録のある農薬のリストは84～87ページに掲載してある。

(1) 茎枯病

茎枯病の病原菌は、不完全菌に属するカビの仲間である。感染すると、初めは紡錘形の水浸状の病斑が現われ、その後、表面に黒色の柄子殻（小斑点）が多数形成される（写真46）。この柄子殻内には無数の胞子があり、雨でこの胞子が流出して伝染する。茎枯病の発病条件は、①12～28℃の温度（20～24℃が適温）、②過繁茂の多湿条件、③雨により蔓延、④地際部から50cmまでの高さ、⑤萌芽後30日までの茎葉のやわらかい時期である。残茎の罹病（り

写真47　斑点病の病斑

写真48　斑点病の多発圃場（ハウス半促成栽培）

写真49　褐斑病の病徴（加藤綾夏）

写真50　アザミウマ類による若茎の被害
（田口巧）
寄生によってカスリ状の白い傷を生じる。若茎では鱗片葉が褐変し，腐敗するため出荷ができなくなる

病）茎で越冬する。

茎枯病は降雨との関係が深く、梅雨期と秋雨期に発生が増える。梅雨期は株養成の初期、秋雨期は養分蓄積期に当たり、ともに生育の重要な時期である。また、梅雨期の発生は秋雨期の発生へとつながり、秋雨期の発生は翌年の梅雨期の発生へと連環する。茎枯病はアスパラガスにとってきわめて悪影響の大きい病害で、いったん発生すると減収し、欠株にもつながる。

茎径で6～7㎜程度の若茎が発生するころから予防を徹底する。潜伏期間が20日程度あるため、萌芽の段階から防除する。この時期に少しでも病斑が見られると、秋ごろに病害が拡大して止まらなくなる。株養成の養分転流を考慮して、とくに9月ごろからの防除が重要である。

（2）斑点病・褐斑病

発病適温はいずれも20～30℃で、8月中旬以降の秋雨期に発生が多く、過繁茂が発生の大きな要因である（写真47～49）。発生時期は養分蓄積期とも重なり、発生による株の消耗はきわめて大きい。秋季に茎葉が早期に枯れあがる現象の一つの大きな要因となっている。過繁茂による株のムレを回避し、発病時期にあわせた早期防除が重要である。

いずれも茎葉に褐色の斑点を生じ、非常に似ている。茎葉が過繁茂で通風の悪い条件下で発生が多く、ひどいときには全葉が落葉する。

罹病した茎葉で越冬する。斑点病は主茎に、褐斑病は擬葉と側枝に発生しやすいが、ひどくなると同じところにも発生する。褐斑病は潜伏期間が長いため、発生したときには防除が後手になることが多い。擬葉に綿状の胞子を形成するのは褐斑病だけである。近紫外線除去フィルムの展張は斑点病を抑制するが、褐斑病には効果がない。

斑点病、褐斑病とも登録農薬による予防散布が有効である。

(3) アザミウマ類

従来も発生がみられていたが、近年長期どり栽培が増加してアスパラガス栽培が周年化したことから、ネギアザミウマを優占種とするアザミウマ類の発生が目立ってきた（写真50）。アザミウマ類はより新鮮な擬葉を好んで寄生する。暖地や温暖地では、やや太めの養成茎が萌芽し始める5月以降に寄生密度が急激に上昇し、5月中旬から下旬にかけて著しく高まる。春から秋まで新芽部に寄生し、表面にカスリ傷状の被害を発生させる。最近では寒冷地や北海道（寒地）の露地栽培でも、1年を通じて発生がみられるようになり、対策を怠ると甚大な被害となる。飛来侵入源としての周辺雑草やタマネギ、ネギなどでの発生を減らし、飛来侵入を防ぐことも大切である。

写真51 カスミカメムシの吸汁害

幼虫に吸汁された傷。茎の伸長によって拡大し、線状の浅い亀裂になる

(4) カメムシ類

おもにカスミカメムシが問題となる。アスパラガスの若茎のやわらかい部分に口吻を突き刺し、吸汁、加害する。吸汁直後は直径1㎜程度のへこみを生じる場合があり、その後アスパラガスの成長とともに拡大し、表皮にカスリ状の裂けや褐変が広がり、若茎の曲がりなどにつながる。穂先部分に多数寄生すると、若茎のしおれや枯死をまねく。動きが俊敏で人が近づくと物陰に隠れるため発見がむずかしいが、若茎の傷や成虫、幼虫を見つけたら、薬剤防除を行なう。雑草にも寄生するため、圃場周辺の除草も有効である。

(5) ヨトウムシ類（写真52）

ハスモンヨトウは、雑食性で多くの作物を加害し、8月中旬から10月上旬にかけて多発する傾向がある。一つの卵塊に400個程度の卵を産みつけ、その卵は5~7日でふ化する（写真53）。7~9月の高温期には20~30日で卵から成虫になる。4~5月に新成虫が発生するが、通常の年は7~8月からの発生が多い。メス成虫のフェロ

写真52　ハスモンヨトウの幼虫

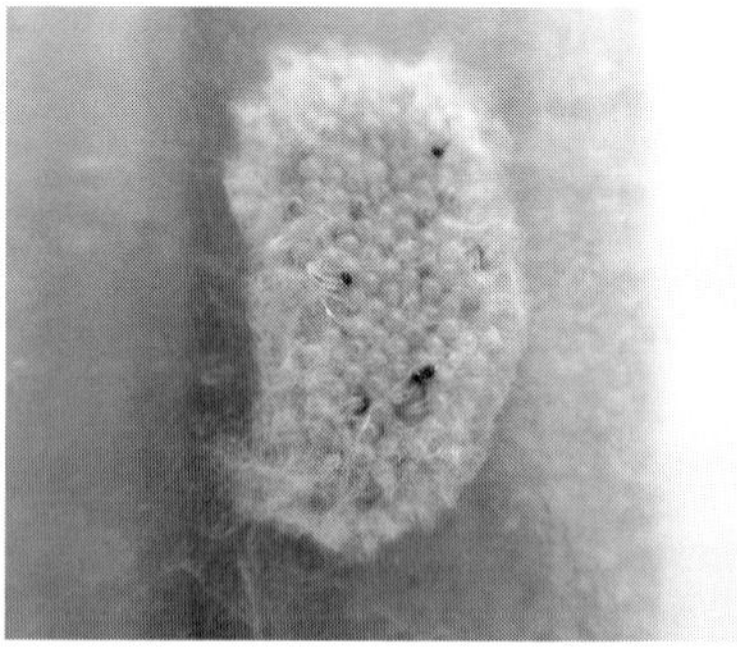

写真53　ハスモンヨトウは1卵塊に約400個の卵を産みつける

写真54　オオタバコガによる被害
株元にくるっと転がっているのがオオタバコガの幼虫

写真55　ジュウシホシクビナガハムシによる被害
圃場周辺の雑草や落葉下で越冬し、春になると萌芽した若茎に寄生して食害する

モンによりオス成虫を集め、殺虫する性フェロモン剤やハウス開口部の防虫ネット、黄色防ガ灯による防除が有効である。

一方、シロイチモジヨトウは年間約6世代発生し、アスパラガスでは8～9月に発生が多くなる。ハスモンヨトウとシロイチモジヨトウの幼虫は茎葉の表皮を食害し、その跡は白化する。また、伸長し始めた幼茎では若茎内に侵入して枯死させることもある。

ヨトウガは年間2世代発生し、9～10月にかけて幼虫が茎葉を加害し、被害茎は太い主茎のみが残る。オオタバコガの成虫は3～12月に発生するが、とくに9～10月に発生が多い（写真54）。

(6) ジュウシホシクビナガハムシ

成虫や幼虫がアスパラガスの萌芽初期の葉芽や幼茎の表皮を食害し、茎が曲がったり芽を欠いたり、褐変するなどして商品価値を下げる（写真55）。山間地や高冷地で被害が多い。食用部が卵とともに収穫され、その後にふ化した幼虫により、店頭に並べられてから食害を受けることもある。圃場周辺の雑草や落葉下で越冬し、春になると萌芽したアスパラガスに寄生して食害を始める。気温が低い時間帯は株元の土塊の間や残茎にいて、気温があがってくると若茎にあがってくる。防除は、成虫が活動している暖かい日中に薬剤を散布する。９月上中旬ごろに防除を徹底すると越冬量が減り、翌春の被害を抑えるのに有効である。

9 追肥

追肥を行なう場合には、生育を見ながら数回に分けて行なう。株養成では、地上部の葉がやわらかく、葉面からの吸収率が高いため、地上部からの葉面散布も効果的である。葉面散布を行なう場合は、薄い糖分（０・２～０・５％）を施し、光合成産物の増産を図る。ただし、秋冬になっても茎葉の色が濃いままで樹勢が強すぎると養分が転流しにくいため、追肥をする場合には遅くとも10月上旬ごろまでとする。あまり遅くまで肥料が効いていると、茎葉が青々としたままで同化養分の転流が損なわれ、貯蔵根の糖度（Ｂｒｉｘ値）があがりにくく、株養成にマイナスになる。

10 かん水

アスパラガスは、植物体の約90％、若茎の92～93％程度が水分であることから、茎葉の生育には水分が不可欠である。圃場が乾燥したときにはかん水の効果が地上部の生育に明瞭にみられるほか、地下部の生育も促進される（表９）。

明治大学における採りっきり栽培の試験では、定植時に苗が活着するまでの期間を除き、株養成期間中および収穫期間中にはかん水を一切行なっていないが、かん水が行なえる環境にある場合、後述に準じてかん水をすれば、さらに高品質多収が期待できる。

かん水はもっとも活動している貯蔵根と吸収根に水を補給することが望ましい。かん水は、生育初期は株元に近い部分だけで十分であるが、アスパラガスの根は、生育が進むにつれてうね中央から通路側に広がるため、うね間かん水も、ときどき行なうと効果がある。

株養成中のかん水量は、１回当たり10～15㎜（10ａ当たり10～15ｔ）程度を目安とし、20㎜を上限とする。チューブかん水やホースかん水などで行ない、茎葉には水がかからないようにする。乾燥している場合は、うね間へのかん水もよい。アスパラガスは乾燥によるしおれ現象や生育障害、草勢による判断がむずかしい作物である。土壌水分計（pFメーターなど）を設置し、pF1・5~2・0程度で管理するとよい（表10）。

　採りっきり栽培では、夏季の高温や定植時の土壌水分が株養成に影響し、そのことが収量にも関与するため、経営に余裕があれば、かん水装置も併用するとよい（写真56、57）。

　かん水は追肥以上の力を発揮する。かん水量が多いほど鱗芽群および貯蔵根の新鮮重が大きく、その結果、翌年の春どりの収量も多くなる。鱗芽の形成は土壌水分の影響を受け、乾燥すると鱗芽数が減少する。反対に、盛夏期など乾燥したときに、十分なかん水ができれば、生育がよく鱗芽も多く分化する。また、萌芽停止後のかん水は、鱗芽の生育を促し、翌年の

表9　アスパラガスのかん水方法と鱗芽数

（北田ら、1993）

処　理	鱗芽群数（個／株）	鱗芽数（個／株）	鱗芽群当たりの鱗芽数	土壌表面の状態
地中かん水60cm	6.3	41.6	6.6	乾燥
地中かん水40cm	6.9	45.5	6.6	↑↓
表面かん水	8.0	55.2	6.9	湿潤

表10　3種のpF条件下で栽培したアスパラガス苗の30日目および150日目の生育状態

（松原、1984）

処理日数（日）	かん水処理（pF）	全生体重（g）	地上部重（g）	地下部重（g）	最大茎長（cm）	茎　数（本）	最大根長（cm）	根　数（本）	鱗芽数（芽）
30	1.5	4.4	2.3	2.1	24	4.4	21	2.9	7.6
	2.0	3.3	1.5	1.8	22	4.1	22	6.5	2.3
	2.5	2.2	0.8	1.4	22	2.4	22	4.2	2.1
150	1.5	533	231	302	148	14	61	92	63
	2.0	593	278	315	152	15	67	109	57
	2.5	198	74	124	95	10	50	58	32

pF1.5：湿潤、pF2.0：中間、pF2.5：乾燥

収量と品質を大きく左右する。

11 養分転流と茎葉黄化

養分転流は、平均気温が15～16℃程度、最低気温が10℃程度になるころから始まる。秋冷期になると、アスパラガスは気温の低下にともない、萌芽量が減る。最低気温が10℃を下まわると、地上部の黄化とともに地下部への養分転流量が増加し、貯蔵根の糖度も急激に上昇する。その時期は全国各地で異なり、北海道が9月中旬ごろ、岩手県が10月上旬ごろ、秋田県や福島県、長野県、群馬県などの寒冷地では10月中下旬ごろ、愛媛県や香川県などでは11月上中旬ごろ、九州では11月下旬ごろとなる（写真58）。同じ地域でも、標高や立地条件で当然ながら黄化程度は異なる。養分転流で翌春の収量が決まる。茎葉の刈りとりを遅くして、茎葉の黄化を促進させたほうが、翌春の春どりの収量は増加する。また、最低気温が10℃前後になるころから、亜リン酸やリン酸などを葉面散布し、地上部の茎葉から貯蔵根へ同化養分の転流を促進させる技術も開発されている（図31）。

写真56、57　かん水設備の例

写真58　茎葉の黄化（田口巧）

12 茎葉刈りとりとマルチはがし

茎葉が黄化したら春の気温上昇の前までにマルチをはがし、茎葉を刈りとる。暖地や温暖地では、茎葉の刈りとりは12月以降である。マルチはがしが遅れた場合、冬季に地温が上昇すると、芽が動き始め、凍霜害の危険が高まるため、マルチはがしは萌芽前までに行なう必要がある。

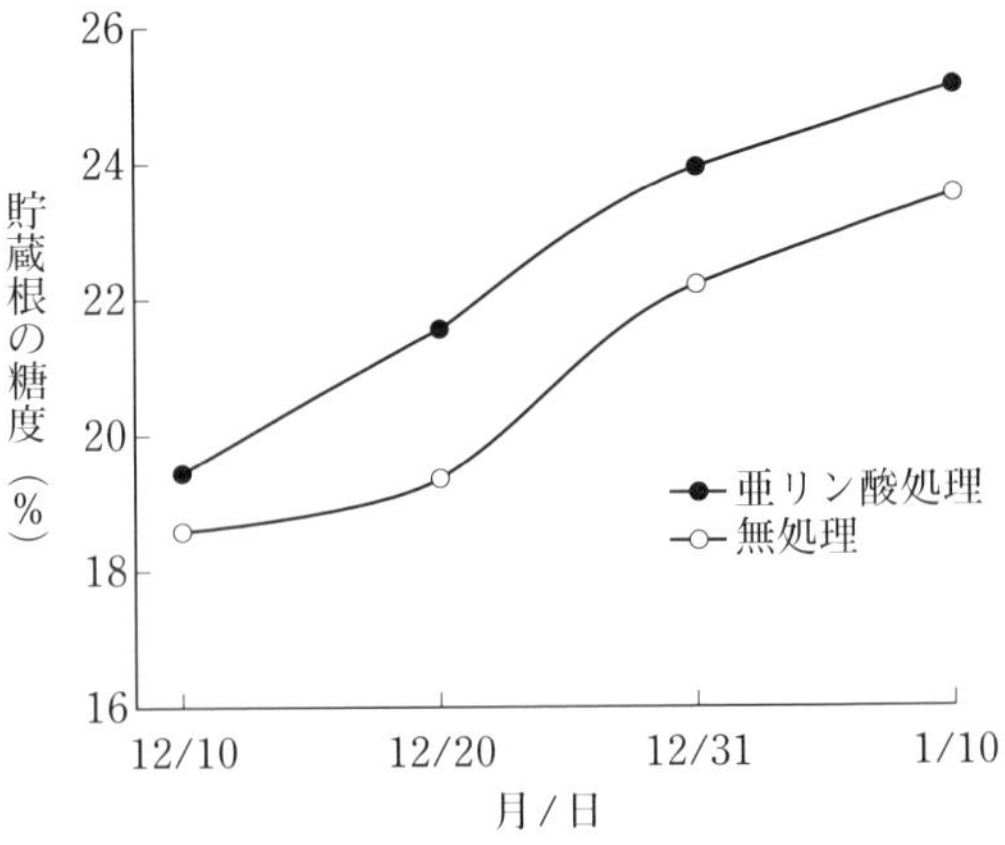

図31 亜リン酸による転流促進処理と貯蔵根の糖度（井上、2008）

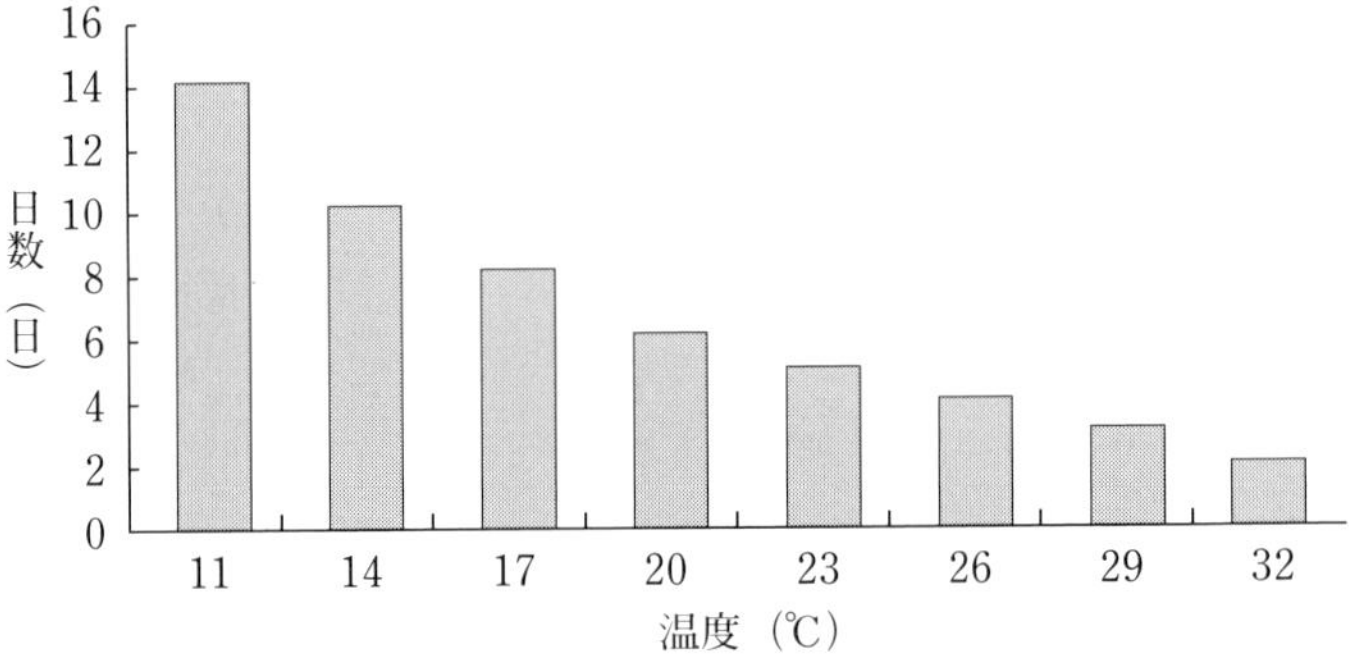

注 1年株

図32 茎葉が26cmになる日数と温度との関係（元木、2001）
アスパラガスは高温になるほど伸長が速いが、気温が高すぎると若茎先端部が開き、市場性が悪くなる

13 収穫、出荷調製、鮮度保持

(1) 温度と萌芽

若茎が萌芽を始める温度は5℃前後で、萌芽を始めた若茎は温度が高いほど速く伸長する（図32）。平均気温が10℃以下の場合、萌芽はまばらであるが、12℃を超えるころから揃って萌芽し始める。30℃を超えると、2～3日で収穫できる長さに達する（図34）。

収穫は翌春の3月～6月上旬ごろにかけて行なう。収穫期間は60～90日程度である。

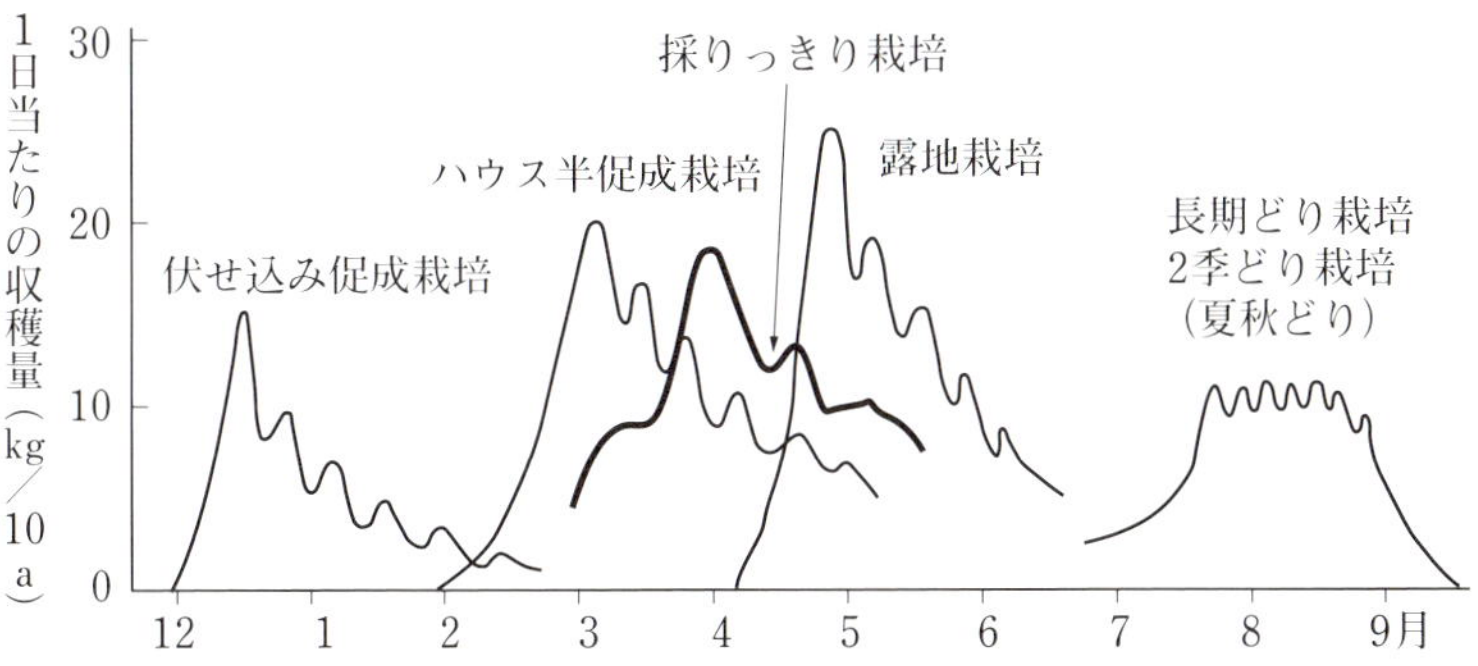

（（花岡ら、1985）に採りっきり栽培の収量パターンを追加）

図33　寒冷地におけるアスパラガスの作型別収量パターンのモデル

⑵ 収穫方法と出荷規格

収穫は出荷規格以上に伸びた若茎を、ハサミや刃が短いアスパラガス専用の鎌などで切りとる。収穫した若茎は、すみやかに屋内に移し、出荷規格にあわせて調製する。結束の際、若茎先端部の曲がりは内側になるようにするとよい。出荷規格は、それぞれの地域で定められているが、たとえば若茎の長さが26cmの出荷規格の場合、若茎が26cm以上に伸びたものはすべて収穫する。

若茎の伸長は温度との関係が深く、

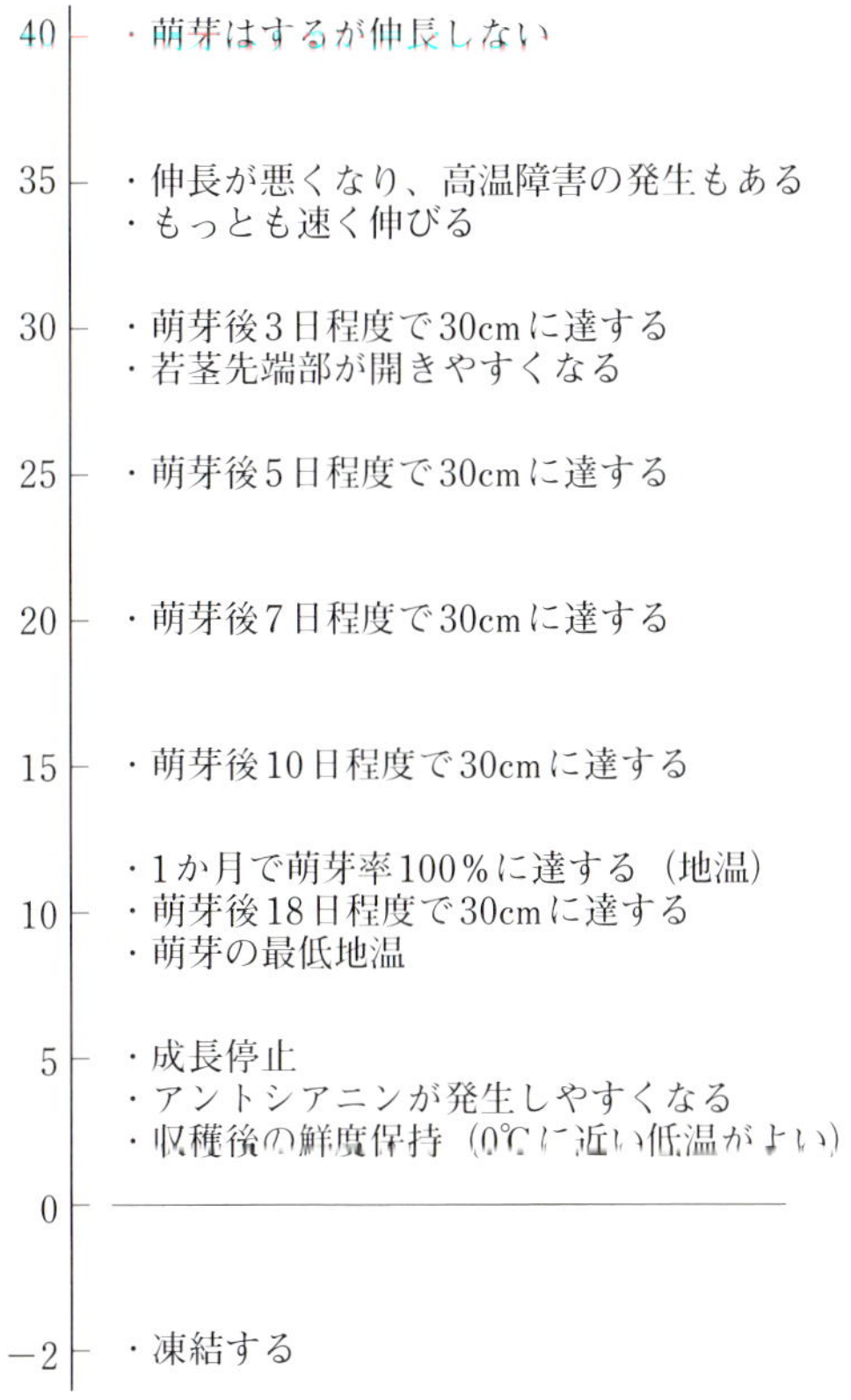

図34　温度とアスパラガスの若茎の特性

（重松武原図を一部変更）

最高気温が30℃を超えると1日10cm以上伸びる。気温があがってきたら、出荷規格にあわせるために朝と夕方、1日に2回収穫する。あとからの萌芽を促すため、奇形茎などを含め、すべての若茎を収穫する。

　春どりでは、一般に1回目の収穫ピークがもっとも大きく、その後小さなピークを描きながら漸減する（図33）。

(3) 凍霜害対策

　アスパラガスの地上部（茎葉）は耐暑性が強く、夏季でもよく生育する。地上部は晩秋に枯死するが、地下部は耐寒性がきわめて強く、寒地や寒冷地の耐冷害作物となっている。ただし、萌芽した若茎は寒さに弱く、0℃付近で凍霜害を受ける（写真59）。

　採りっきり栽培でとくに気を付けたいのが凍霜害である。萌芽前のアスパラガスは低温に強いが、若茎は凍霜害を受けやすい。採りっきり栽培は、若年株（1年養成株）を利用するため、年生が進んだ露地栽培の若茎に比べて萌芽が早い。若茎は一時的な低温であれば影響が少なく、そのまま収穫できることもあるが、0℃以下で被害に遭

写真59　若茎の凍霜害（田口巧）
早春の萌芽時期、凍霜害に遭った若茎をすみやかに切りとることにより次の芽（若茎）の萌芽が促される

写真60　トンネルがけ

写真61　収穫終了後のトラクターによる株の残渣のすき込み（神奈川県川崎市、津田渓子）

うと回復不能になることが多い。症状としては、若茎先端部のりん片葉が白化し、若茎が水浸状になり、やがて脱水し、しおれて枯死する。早春の萌芽時期に、凍霜害に遭った若茎をすみやかに切りとることにより次の芽（若茎）の萌芽が促される。障害茎を残しておくと、アスパラガスにとっては立茎したのと同じような状態になり、次の萌芽が止まる。逆に、いったん水浸状になっても、程度の軽いものは1～2日するとまた伸び出し、そうしたものは収穫することも可能である。凍霜害の常襲地帯では、ビニールや簡易被覆資材のトンネルがけなどの対策を講ずる（写真60）。

(4) 障害茎の除去

萌芽が始まったら、凍霜害や虫害を受けて伸長が停止した若茎や、販売できないような細茎、曲がり茎などはすみやかに除去する。残しておいても貯蔵養分を消耗し、病害虫の巣になりやすい。また、前述の凍霜害のように、アスパラガスにとっては茎葉が展開していなくても立茎したのと同じ状態になるため、早く除去した方がよく、除去しない場合よりかえって増収する。

(5) 収穫時期のかん水

降雨が少ないときには、うね表面が湿る程度にサッとこまめにかん水するとよい。急激なかん水は、地温を下げるだけでなく、若茎の縦割れの原因となる。かん水は少量多回数かん水で行なう。少量多回数かん水を心がけ、地温を下げないのが、収穫時期のかん水のポイントである。

(6) 収穫終了の判断と株のすき込み

萌芽は最初のころの収穫のピークが大きく、その後、小さなピークを描きながら漸減する（図33）。前年の株養成の出来不出来にもよるが、細ものが多くなり、収穫量が減って経営的に困難と判断した際に収穫を打ち切る。収穫終了後は株の残渣を早めに圃場にすき込む（写真61）。採りっきり栽培では、病害の発生が少ない1年養成株ですべての収穫を終了させることにより防除の手間を軽減できる。

(7) 鮮度保持

①収穫後の鮮度保持

アスパラガスは収穫後も伸長を続け、野菜類のなかでは収穫後の品質劣化が起こりやすい。アスパラガスの品質劣化としては、しおれや外観不良をもたらす水分の減少、若茎先端部における緩みの進行、糖やアミノ酸などの減少と食味低下、繊維化の進行による硬化と食味低下および可食部の減少、切り口などでみられる腐敗によるトロケといった症状などがあげられる。収穫後のアスパラガスはそのままの状態にしておくと、急速に水分や糖分を失い、鮮度や品質が劣化する。採りたて新鮮な採りっきり栽培の特徴を活かすには、何より品質が重要である。そのためには栽培管理はもちろん、流通時の鮮度保持技術が、今後はますます重要になる。

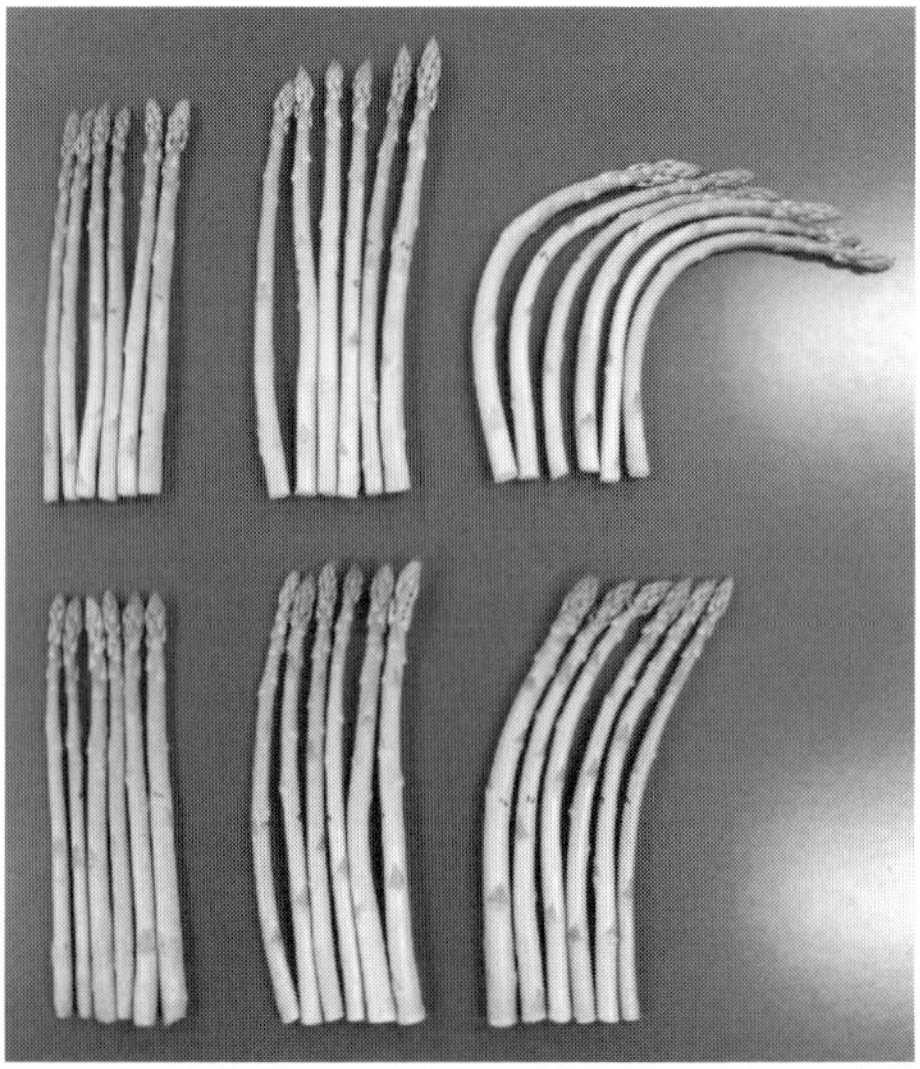

写真62　グリーンアスパラガスの鮮度および形状に及ぼす貯蔵条件の影響
上は常温（25℃）、下は冷蔵庫（5℃）で貯蔵。いずれも左から縦置き、水で湿らせたろ紙を当てて縦置き、水で湿らせたろ紙を当てて横置き

②収穫後は店頭までしっかり冷やす

アスパラガスの若茎は、ほかの植物でいえば若芽に当たり、1日に10cm以上伸長することもある（図32）。収穫しても若茎の伸長は止まらないため、そのまま放置すると水分や糖分をどんどん消費してしまう。

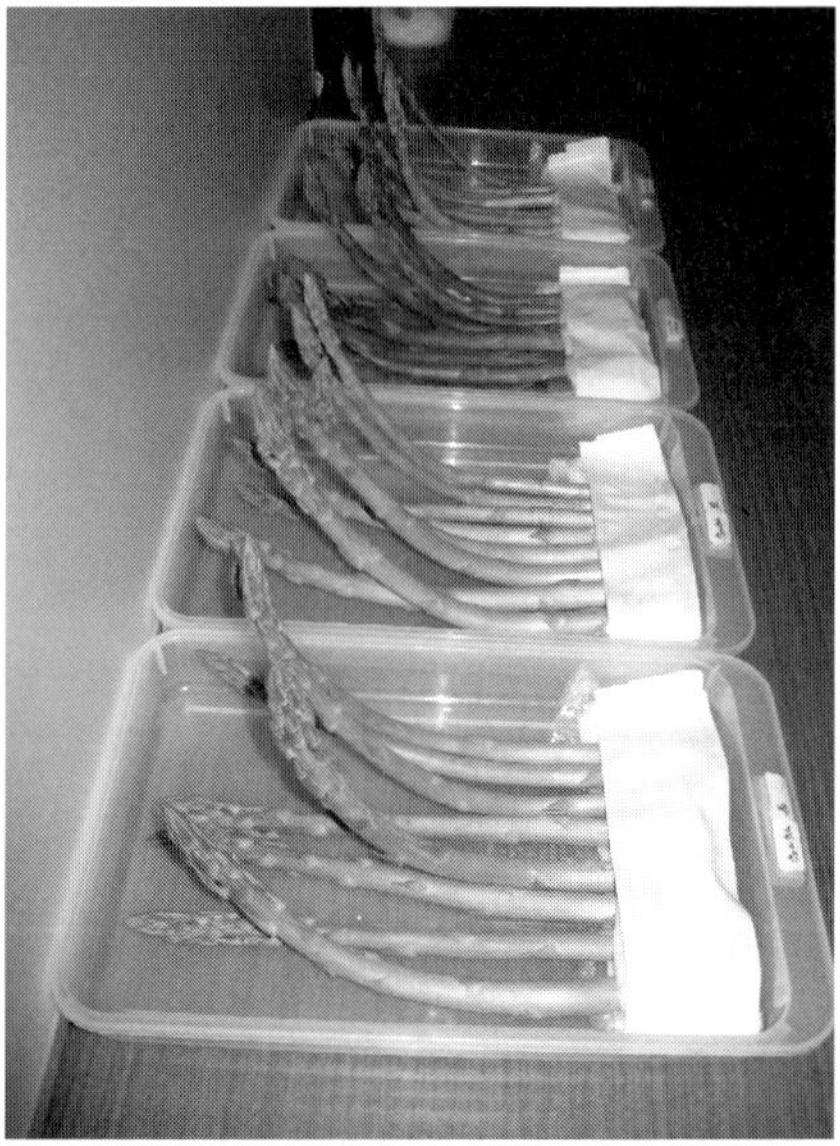

写真63　アスパラガスは横にしておくと穂先だけ上へ伸びる

アスパラガスは野菜のなかでも低温に対して耐性があり、最適な貯蔵温度は0～2℃、湿度は95～98％で、最適条件では2～3週間貯蔵できる。鮮度や品質保持のため、収穫後は直射日光に当てないように注意し、なるべく早く予冷庫に入れて品温を5℃以下まで下げること、集出荷の際にもなるべく保冷することといったコールド・チェ

ーン（低温流通体系）が重要である。しかし、アスパラガスの大きな産地でなければ、コールド・チェーンを保つことはむずかしい。

アスパラガスは鮮度が命である。収穫した若茎をすぐに販売できれば、採れたて新鮮な採りっきり栽培の評価も高まる。

③立てることにより曲がりと品質低下を同時に防ぐ

アスパラガスの鮮度や品質保持のポイントは「立てて冷やす」ことである。アスパラガスの若茎は、地面からまっすぐ上に向かって伸長する性質がある。この性質は収穫されてからも保持される。アスパラガスを横に置いておくと、上方向に伸びようとして茎が曲がる（写真62、63）。曲がろうとすることで、エネルギーとして糖分を消費し、繊維質が発達して硬くなる。収穫後はできるだけ若茎を横にしないように管理することが重要である。

また、雨天時の収穫物のように過剰な水分がついていると、ムレや品質低下、トロケ、腐れなどの発生をまねく。これも若茎を立てておくことで、余分な水分が除去され具合がよい。このことからも立てて保存することは有効である。アスパラガスの鮮度保持には「立てて冷やす」が大原則である。

14 採りっきり栽培を利用したホワイトアスパラガス栽培

ホワイトアスパラガスといえば、かつては培土法による軟白栽培が一般的であった。ホワイトアスパラガスは従来、うね上に高さ20cmを超える培土（盛り土）を行ない、培土中に伸長した若茎をアスパラガスナイフと呼ばれる

写真64　培土法によるホワイトアスパラガスを露出したところ

写真65　遮光フィルムを利用した生食用ホワイトアスパラガス栽培

ノミ状の専用の用具を用いて収穫する（写真64）。しかし、培土法は、若茎が培土の表面を越えて伸長すると日光に当たって着色し、等級や規格が下がってしまうため、生産者は培土の表面に生じるわずかな亀裂をたよりに地中の若茎を探したり、収穫作業を夜明け前から行なったり、さらに日に何度も収穫したりと、熟練と多大な労力を必要とする栽培法である。培土法は収穫に熟練や労力を要するため、培土法によるホワイトアスパラガス栽培は減少の一途をたどってきた。

一方で最近、きわめて高い遮光性を有するフィルム資材を用いてトンネル栽培を行なう遮光法によるホワイトアスパラガス栽培が開発され、収穫に関わる労力が軽減されたことから全国的に普及してきている。遮光法は、既存のグリーンアスパラガスのうねをほぼ１００％の遮光性を有する遮光フィルムでトンネル状に覆うものである（写真65）。

採りっきり栽培におけるホワイトアスパラガス栽培では、培土法、遮光法のどちらも栽培が可能である（写真66）。ホワイトアスパラガスは同じ品種を同じ圃場で栽培した場合、平均1茎重が重いため、収量自体がグリーンアスパラガスに比べて多くなる。遮光法による栽培は、遮光トンネル内では雑草の繁

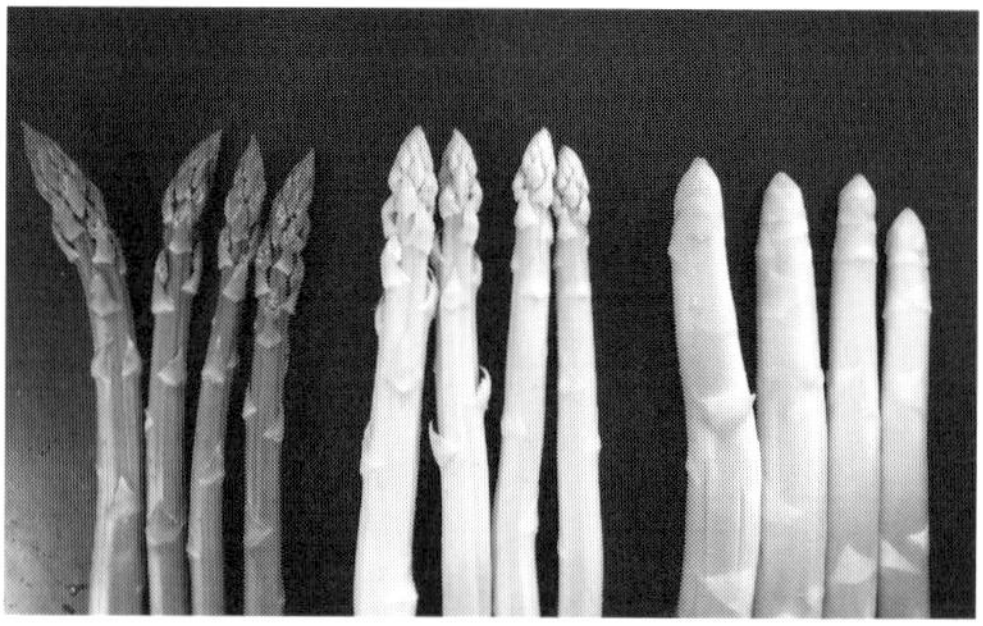

写真66　穂先の締まりの違い（左：グリーン、中：遮光ホワイト、右：培土ホワイト）

（加藤綾夏）

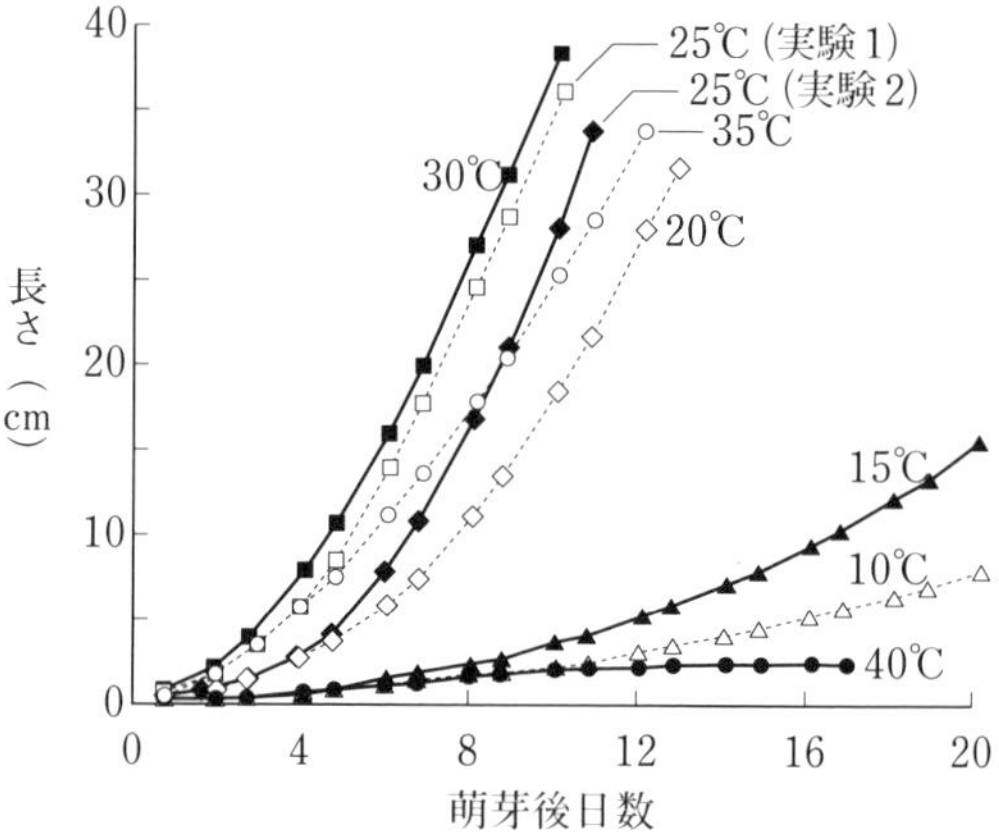

それぞれの線は５株の平均値

図35　ホワイトアスパラガスにおける若茎の伸長に及ぼす温度の影響（金ら、1989）

茂が大幅に抑えられることから、圃場の雑草管理にも有効である。

ホワイトアスパラガスは、温度が10～30℃の範囲では温度が高くなるほど伸長量が大きくなるが、35℃になると30℃や25℃に比べてやや伸長が悪くなり、40℃の高温ではほとんど伸長しない（図35）。

15　水田転換畑での栽培

(1) 水田転換畑での技術課題

アスパラガスは、水田転換畑の優良品目の一つとして、かつては土地利用型の露地栽培で盛んに行なわれていた。暖地や温暖地でも、アスパラガスの導入当初は露地栽培が主体であったが、茎枯病の被害が大きく、栽培面積は激減した。しかし、茎枯病はビニールハウスによる雨除け栽培によって抑制できるようになったため、暖地や温暖地ではほとんどが施設栽培に代わった。しかし、採りっきり栽培における1作の栽培期間は1年ちょっとであることから、アスパラガスが水田転換畑の優良品目の一つとして再び注目され、とくに暖地や温暖地において、採りっきり栽培の導入が始まっている。

(2) 排水対策

水田転換畑の場合、排水対策は重要である。排水対策として、前項のとおり、土壌改良および明きょや暗きょによる十分な排水対策を行なう。水田転換畑におけるうね間かん水は、地下水位の高い圃場では行なわない。長期間滞水するような圃場では根が酸欠状態となり、吸収根の活性が損なわれる。アスパラガスは深根性であるが、地下水位の高い圃場では根に対する酸素の供給が不十分となり、根が伸長できない。地下水位の高い圃場ほど上根が多くなり、収量も低下する。

(3) 高うねの検討

水田転換畑では、地下水位の高い場合は、高うねによりアスパラガスの根圏域を確保する。高うね成型用のマルチャーが市販されている。

16　後作物の検討

(1) 輪作の考え方

採りっきり栽培は、従来のアスパラガス栽培に比べて栽培期間が短く、圃場の占有期間が短いため、ほかの作物との輪作により、圃場の有効利用が可能になる。

伏せ込み促成栽培後のアスパラガスの廃棄根を圃場にすき込むことにより、キタネグサレセンチュウの発生密度低減と後作レタスの増収効果があるという報告がある一方、アスパラガスの残根のアレロパシー物質により、後作物の生育阻害を引き起こすという報告もある。採りっきり栽培においても、後作物には、生育促進を示す品目と、生育阻害を示す品目の両方があると考えられる。

写真67　「採りっきり栽培」における輪作（後作物）の検討（津田渓子）

輪作（後作物）としては、現在のところ、スイートコーンやエダマメ、ニンジン、アブラナ科野菜（キャベツやブロッコリー）、サツマイモなどが適すると考えられる。奥は翌年収穫のアスパラガスの採りっきり栽培の株養成

採りっきり栽培の後作物の生育促進または生育阻害効果の両方を考慮し、後作物として適する作物を選定する必要がある。明治大学では、２０１５年より採りっきり栽培における輪作（後作物）の試験を実施中であり、今後、後作物として適する作物を公表していきたい。現在のところは、スイートコーンやエダマメ、ニンジンやミニニンジン、アブラナ科野菜（キャベツやブロッコリー）、サツマイモなどの野菜が適すると考えられる（写真67）。

(2) スイートコーン

採りっきり栽培の後作物として、スイートコーンの夏まき秋どりの抑制栽培が利用できる（写真68）。播種は、採りっきり栽培終了後の高温の時期に当

写真68　「採りっきり栽培」の後作物のスイートコーン（アスパラガスの左隣）

たるため、生育初期のむずかしさはあるものの、生育後半になると気温が下がり、虫害も減少し、子実の糖度が増す。そのため、一般的な春まき栽培よりも美味しいスイートコーンが収穫できる。品種は、熟期が中早生以降のタイプ（熟期85日以上）の品種であれば栽培可能である。

写真69　「採りっきり栽培」の後作物のニンジン（左）ブロッコリー（神奈川県川崎市）
左奥は翌年収穫のアスパラガスの採りっきり栽培の株養成

(3) エダマメ

暖地および温暖地における晩生系品種の一般的な播種時期は、6月中旬以降であり、収穫は10月上中旬ごろであるため、エダマメを採りっきり栽培の後作物としてそのまま利用できる。また、早中生種や中生種であれば、採りっきり栽培終了後に、エダマメの抑制栽培としても利用できる。抑制栽培であれば、播種から2か月程度で収穫できるため、たとえば、エダマメ栽培のあとに、さらにホウレンソウやコマツナといった輪作を組むことも可能である。

(4) ニンジンおよびミニニンジン

ニンジンは夏場の栽培にむずかしさがあるものの、ミニニンジンであれば収穫期間が2か月程度と短いことから、採りっきり栽培の後作物として利用できる。ただし、ニンジンやホウレンソウなどは、高温期の播種は発芽率が低くなるため、白黒マルチを利用するなど播種には注意が必要である。生産現場では、ニンジンの栽培に成功している生産者もいる（写真69）。

(5) アブラナ科野菜（キャベツやブロッコリー）

採りっきり栽培の後作物として、アブラナ科野菜（キャベツやブロッコリー）の夏まきの年内どりから冬どりが利用できる。アブラナ科野菜を1作だけ栽培するのであれば、適期に播種し、栽培を行なう。アブラナ科野菜を含めて2品目以上を輪作する場合、作付け計画を早めに立てて、それぞれの作業が遅れないようにすることが重要である。たとえば、前述の明治大学の

写真70　ミニアスパラ（左の箱）の可能性も探りたい

現地実証試験（図22、千葉県君津市）の事例のように、スイートコーンとブロッコリーを輪作する場合、ブロッコリーの播種が適期よりも遅れると、栽培が低温期に当たるため生育が思うように進まず、収穫が遅れ、採りっきり栽培の2作目の畑づくりにも影響する。

17 売り方のアイデア

（1）多彩な商品の提案

アスパラガスは、サラダはもちろん、炒め物や蒸し物、焼き物、揚げ物など、料理の用途は幅広い。

アスパラガスは子供から大人まで味わえる食材であり、ゆでてサラダに、グラタンやピザ、シチューやカレーの具、肉やベーコンで巻いたり、炒めたりする食べ方など、多彩な料理に使え、彩りが鮮やかで、調理も簡単な人気野菜である。また、アスパラガスはアスパラギン酸やルチンを多く含むなど健康野菜の代表格でもある。日本独特の和洋折衷の食文化と健康志向のなかで、アスパラガスは和食や洋食、中華料理のいずれにも広く使われ、レシピもさまざまである。最近では「太もの」の人気が高く、消費者の差別化や個性化の指向を受けて、バラ流通や特殊規格流通なども含め、「太もの」の別売り販売など、アスパラガスの出荷および流通形態は多様化している。

一方、レギュラー商品として定着してきている「ミニアスパラ」（写真70）などの包丁を使わないですむ食材など、多彩な商品の提案を売る側ができるようになってきた。

（2）ホワイトアスパラガス

土の中で軟白されたホワイトアスパ

ラガスの苦みは、フランス料理などによくなじむ。ヨーロッパではホワイトアスパラガスが主流であるが、チコリーやエンダイブなどの野菜とともに苦みのあるサラダとしても利用されている。ホワイトアスパラガス特有のほろ苦みは、人によっては嫌う場合もあるが、多くの山菜と同様に、そのほろ苦みこそがホワイトアスパラガスの魅力であると感じる人も多い。培土法で栽培されたホワイトアスパラガスは独特のほろ苦みが強いのに対し、遮光法で栽培されたものはほろ苦みが少なく、いわゆるクセがない風味である。日本でも、ホワイトアスパラガスを使って、調理法を工夫することにより、食卓に楽しい一品を添えられる可能性がある。

(3) ムラサキアスパラガス

最近では、ムラサキアスパラガスの栽培も増えているが、ムラサキアスパラガスはグリーンアスパラガスとは品種が異なるものの、ムラサキアスパラガスの栽培方法は、基本的にはグリーンアスパラガスと同様である。市場に出回っているムラサキアスパラガスは「満味紫」や「パープルパッション」をはじめ、ほとんどが4倍体の品種である。ムラサキアスパラガスは、表皮部分に多量のアントシアニン色素を発現するため、紫色を呈する。生の状態では全体的に紫色であるが、加熱するとアントシアニン色素が壊れて、濃い緑色に変わる。現在出回っているムラサキアスパラガス品種の一般的な特性として、通常流通しているグリーンアスパラガスなどの2倍体品種に比べて若茎は太く、軟らかく、糖含量が多いため食味が優れる。

ムラサキアスパラガスは甘みが強く、歯ざわりも優れており、アメリカやニュージーランドなどでは紫色と食感を活かし、非加熱のままサラダで食べている。

最近では、日本国内の小売店でもムラサキアスパラガスを見かけるようになってきたが、旬の時期に採りたてのものを使えれば、サラダにおける具材としての消費拡大も期待できる。ムラサキアスパラガスは、採りっきり栽培にピッタリの品目である。

ムラサキアスパラガスの収量性は、グリーンアスパラガスに比べてやや低いものの、従来の2〜3倍程度の密植栽培を行なうと、グリーンアスパラガスの慣行に近い収量を得ることができる。最近ではムラサキアスパラガスを遮光し、その後に少し光を当てて桃色に着色させたピンクアスパラガスも栽培され始めている(写真71)。

写真71　ピンクアスパラガス栽培（加藤綾夏）

（4）品目を組み合わせた販売戦略

最近では、多くの産地や生産者において、グリーンアスパラガスとホワイトアスパラガスのセット販売や、さらにムラサキアスパラガスも加えた「3色アスパラ」のセット販売（写真72）など、複数のタイプのアスパラガスを組み合わせた販売戦略がとられている。

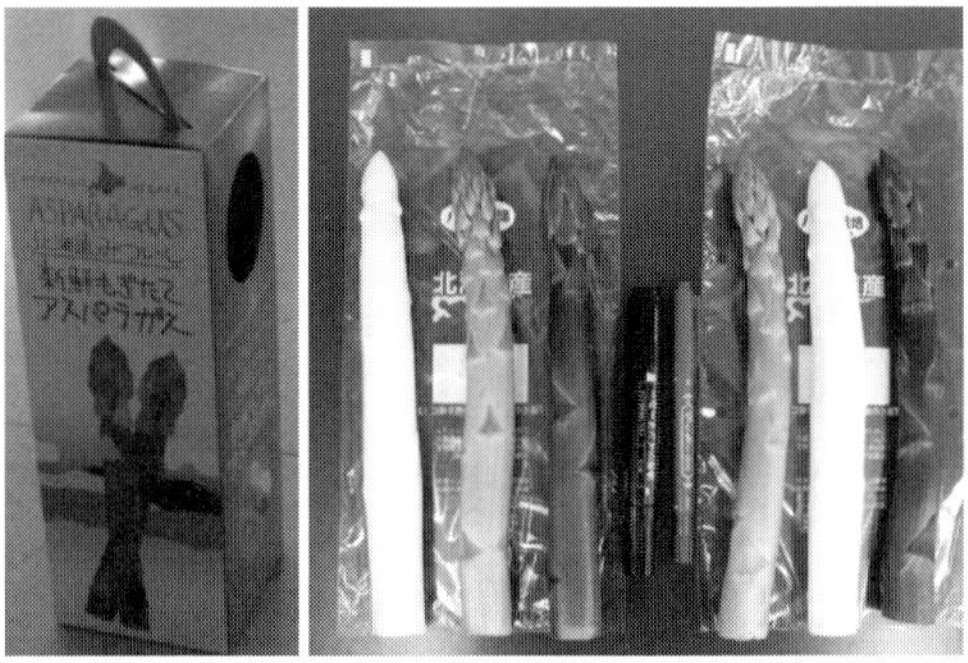

写真72　3色極太のアスパラガスのセット販売例（北海道ひだか町）

それらの販売戦略は、通信販売や直売所において消費者の興味を引きつけるのに非常に有効である。またセット販売は、単にホワイトアスパラガスやムラサキアスパラガスの販売促進に役立つだけではなく、グリーンアスパラガスの単価を引き上げている場合も多く、総合的に生産者の収益を向上させる有効な販売戦略である。今後は生産者単位にとどまらず、産地がまとまって戦略的にホワイトアスパラガスやムラサキアスパラガスの栽培を取り入れてロットをまとめることにより、通信販売や直売所の販売だけではなく、市場経由の販売においても、産地の差別化を図るうえで有効な販売戦略となり得るものと思われる。

18　新たな食材としての利用の可能性と高付加価値の追求

（1）付加価値を高める新たな食材

アスパラガスは、新たな食材としての利用とともに、今までにない経営スタイルを創出可能なモデル農産物となり得る可能性を秘めている。採りっきり栽培はその一躍をになうことができる。

アスパラガスの機能性および栄養成分からは、含有量の多いアスパラギン酸やルチン、サポニン類のプロトディオシン、グルタチオン、ダイエタリーファイバーなどのPRによって消費拡大が期待できる。中国や韓国などでも機能性および栄養成分に関わる取り組みが盛んである。

海外では、塩漬けにしたキュウリなどの野菜を酢や砂糖などで調製した漬け液につけ込み、乳酸発酵させたピクルスがよく利用されているが、ヨーロッパではアスパラガスのピクルス（写真73）も多く、家庭料理に使われる。日本でも、国産アスパラガスを使った

写真73　アスパラガスのピクルス（オランダHorst-Melderslo）

写真74、75　アスパラガスの貯蔵根と地下茎のスープ
（アメリカNew Jersey、佐藤達雄）

写真76　地域の子供たちの収穫体験（神奈川県川崎市）

ピクルスや漬物が製造・販売されており、好評を得ている。採りっきり栽培のそれぞれの産地で、新たな食材開発を行なうのもよいだろう。

アスパラガスの未利用部位の活用として、擬葉や若茎の切り下部分などの食品化の可能性もある。廃棄される茎葉のなかで、擬葉にはとくにルチンが豊富である。今後、廃棄されるアスパラガスの地下茎や茎葉を食材として利用するというビジネスチャンスが生まれる可能性がある（写真74、75）。採りっきり栽培は、前述のとおり、通常のアスパラガス栽培に比べて減農薬・減化学肥料栽培であることから、未利用部位も利用しやすいと考える。

さらに、擬葉や若茎の穂先だけでなく、徒長した規格外茎においてもルチン含量が高いことが報告されており、新規開発商品の安価な素材としてそのような規格外品を利用できる可能性も考えられる。

(2) アスパラガスの消費拡大に向けた新たな取り組み

採れたてで新鮮な採りっきり栽培の収穫物であれば、地元の学校給食に提供したり、子供たちの収穫体験（写真76）を行なったりして、採りっきり栽培を地元民にアピールし、採りっきり栽培のアスパラガスファンを増やすとよいだろう。地産地消や安全で安心な野菜として、産直活動を展開していくことが、地元産アスパラガスの消費拡大にもつながる。さらに、採りっきり栽培の生産が拡大すれば、地域の特産品として、採りっきり栽培の収穫物を使った加工食品の開発も面白い試みである。

(3) マーケティングによるイメージ戦略

採れたてで新鮮な収穫物をイメージしたパッケージやシールデザイン（写真77、78）で地元産の採りっきり栽培の収穫物のイメージを統一し、採りっきり栽培を広くアピールすることによりアスパラガスのファンやリピーターを増やしていくのもよい。イメージ戦

写真77、78　「採れたて新鮮！　採りっきり栽培」をアピールしたシールの例

写真79、80　「採りっきり栽培」の収穫物は直売所でも人気を集めている

（千葉県君津市、蕪野有貴）

略により採りっきり栽培の産地化が進むとともに、採れたて新鮮な地元産のアスパラガスは、国内外の他産地に比べて高単価も期待できると考える（写真79、80）。

なお、出荷に当たって「採りっきり栽培」という表示を用いる場合には、「採りっきり栽培®」というように、登録商標である旨を明示していただきたい。生産団体や企業体で「採りっきり栽培」の表示をする際にはパイオニアエコサイエンス株式会社に連絡をお願いしたい。

●は適用病害として登録があることを示す。

茎枯病	斑点病	褐斑病	疫病	株腐病	立枯病	苗立枯病	軟腐病	べと病	紫紋羽病	紋羽病	使用時期	使用回数
●	●	●	●								収穫前日まで	4回以内
●	●	●	●								収穫前日まで	4回以内
●	●	●									収穫前日まで	4回以内
●	●	●									収穫前日まで	3回以内
●	●	●									収穫前日まで	4回以内
●	●	●									収穫前日まで	2回以内
●	●	●									-	-
●	●	●									-	-
●	●	●									収穫開始3日前まで	4回以内
●	●	●									収穫終了後 但し、秋期まで	6回以内
●	●	●									収穫終了後 但し、秋期まで	6回以内
●	●	●									収穫7日前まで	5回以内
●	●										収穫終了後	4回以内
●	●										収穫前日まで	5回以内
●	●	●									収穫前日まで	4回以内
●	●										収穫終了後 但し、秋期まで	5回以内
●	●										収穫終了後 但し、秋期まで	5回以内
●	●										-	-
●	●										-	-
●	●										-	-
●	●										収穫終了後 但し、秋期まで	6回以内
●	●										収穫終了後 但し、秋期まで	6回以内
●	●										収穫前日まで	4回以内
●				●							収穫前日まで	4回以内
●					●						収穫開始7日前まで	5回以内
●						●					株養成期 但し、収穫14日前まで	3回以内
●								●			収穫3日前まで	5回以内
●											収穫終了後	-
●											-	-
●											収穫後	-
●											収穫後	-
●											-	-
●											収穫終了後(冬期まで)	5回以内
●											収穫終了後(冬期まで)	5回以内
	●	●									収穫14日前まで	5回以内
	●										収穫前日まで	2回以内
	●										収穫前日まで	3回以内
			●								収穫7日前まで	3回以内
			●								収穫前日まで	3回以内
			●								収穫前日まで	3回以内
					●					●	(土壌くん蒸剤)	1回
					●						収穫7日前まで	1回
					●						(土壌くん蒸剤)	1回
					●						(土壌くん蒸剤)	1回
					●						(土壌くん蒸剤)	1回
					●						(土壌くん蒸剤)	1回
					●						(土壌くん蒸剤)	1回
							●				収穫前日まで	2回以内
									●		収穫前日まで	-

農薬だけを掲載しています。農薬使用にあたっては必ず最新の防除情報とラベルを確認してください。

アスパラガスに登録がある殺菌剤* (2019年2月現在)

農薬名	一般名	RACコード／系統 →RACコードが同じものは連用を避ける
ダコニール1000	TPN水和剤	M5／クロロニトリル
家庭園芸用ダコニール1000	TPN水和剤	M5／クロロニトリル
アフェットフロアブル	ペンチオピラド水和剤	7／ピラゾールカルボキサミド
ファンタジスタ顆粒水和剤	ピリベンカルブ水和剤	11／ベンジルカーバメート
アミスター20フロアブル	アゾキシストロビン水和剤	11／メトキシアクリレート
シグナムWDG	ピラクロストロビン・ボスカリド水和剤	11／メトキシカーバメート　7／ピリジンカルボキサミド
コサイド3000	銅水和剤	M1／無機化合物
コサイドDF	銅水和剤	M1／無機化合物
シトラーノフロアブル	有機銅・TPN水和剤	M1／無機化合物　M5／クロロニトリル
ジマンダイセン水和剤	マンゼブ水和剤	M3／ジチオカーバメート
ペンコゼブ水和剤	マンゼブ水和剤	M3／ジチオカーバメート
ベルクート水和剤	イミノクタジンアルベシル酸塩水和剤	M7／グアニジン
ダコレート水和剤	ベノミル・TPN水和剤	1／ベンゾイミダゾール　M5／クロロニトリル
ロブラール水和剤	イプロジオン水和剤	2／ジカルボキシイミド
ベジセイバー	ペンチオピラド・TPN水和剤	7／ピラゾールカルボキサミド　M5／クロロニトリル
フロンサイドSC	フルアジナム水和剤	29／2,6-ジニトロアニリン
フロンサイド水和剤	フルアジナム水和剤	29／2,6-ジニトロアニリン
Zボルドー	銅水和剤	M1／無機化合物
クプロザートフロアブル	銅水和剤	M1／無機化合物
クプロシールド	銅水和剤	M1／無機化合物
グリーンダイセンM水和剤	マンゼブ水和剤	M3／ジチオカーバメート
グリーンペンコゼブ水和剤	マンゼブ水和剤	M3／ジチオカーバメート
ダコニールエース	TPN水和剤	M5／クロロニトリル
ベンレート水和剤	ベノミル水和剤	1／ベンゾイミダゾール
トップジンM水和剤	チオファネートメチル水和剤	1／チオファネート
リゾレックス水和剤	トルクロホスメチル水和剤	14／芳香族炭化水素
キノンドーフロアブル	有機銅水和剤	M1／無機化合物
ICボルドー66D	銅水和剤	M1／無機化合物
キュプロフィックス40	銅水和剤	M1／無機化合物
ドイツボルドーA	銅水和剤	M1／無機化合物
ボルドー	銅水和剤	M1／無機化合物
ムッシュボルドーDF	銅水和剤	M1／無機化合物
ベフラン液剤12.5	イミノクタジン酢酸塩液剤	M7／グアニジン
ベフラン液剤25	イミノクタジン酢酸塩液剤	M7／グアニジン
ベルクートフロアブル	イミノクタジンアルベシル酸塩水和剤	M7／グアニジン
ラリー水和剤	ミクロブタニル水和剤	3／トリアゾール
ストロビーフロアブル	クレソキシムメチル水和剤	11／オキシイミノ酢酸
フォリオゴールド	メタラキシルM・TPN水和剤	4／アシルアラニン　M5／クロロニトリル
プロポーズ顆粒水和剤	ベンチアバリカルブイソプロピル・TPN水和剤	40／バリンアミドカーバメート　M5／クロロニトリル
ワイドヒッター顆粒水和剤	ベンチアバリカルブイソプロピル・TPN水和剤	40／バリンアミドカーバメート　M5／クロロニトリル
クロールピクリン	クロルピクリンくん蒸剤	その他
トリフミン水和剤	トリフルミゾール水和剤	3／イミダゾール
クロピク80	クロルピクリンくん蒸剤	その他
クロピクフロー	クロルピクリンくん蒸剤	その他
クロルピクリン錠剤	クロルピクリンくん蒸剤	その他
ドジョウピクリン	クロルピクリンくん蒸剤	その他
ドロクロール	クロルピクリンくん蒸剤	その他
スターナ水和剤	オキソリニック酸水和剤	31／カルボン酸
エコホープDJ	トリコデルマ・アトロビリデ水和剤	微生物農薬

*アスパラガスには「野菜類」に登録がある農薬も使えますが、本表では登録作物名が「アスパラガス」となっている

●は適用害虫として登録があることを示す。

アザミウマ類	アブラムシ類	オオタバコガ	カスミカメムシ類	カメムシ類	ケラ	コナジラミ類	ジュウシホシクビナガハムシ	センチュウ類	ツマグロアオカスミカメ	ナメクジ類	ネキリムシ類	ネギアザミウマ	ネコブセンチュウ	ハスモンヨトウ	ハダニ類	ハリガネムシ類	ヨトウムシ	使用時期	使用回数
●	●					●	●											収穫前日まで	2回以内
●	●					●	●											収穫前日まで	2回以内
●	●														●			収穫前日まで	3回以内
●		●				●	●							●				収穫前日まで	2回以内
●		●												●				収穫前日まで	2回以内
●			●	●		●	●											収穫前日まで	3回以内
●			●	●		●	●											収穫前日まで	3回以内
●			●	●		●												収穫前日まで	3回以内
●																		収穫前日まで	2回以内
●																		収穫前日まで	2回以内
●																		収穫前日まで	2回以内
●																		収穫前日まで	2回以内
	●	●		●														収穫前日まで	2回以内
	●		●	●		●						●						収穫前日まで	3回以内
	●		●	●		●						●						収穫前日まで	3回以内
	●		●	●		●						●				●		収穫前日まで	3回以内
	●			●		●			●			●						収穫前日まで	2回以内
	●			●		●			●			●						収穫前日まで	2回以内
			●			●						●		●	●	●		収穫前日まで	2回以内
			●									●			●			収穫前日まで	2回以内
			●									●			●			収穫前日まで	2回以内
			●									●				●		収穫前日まで	2回以内
			●									●						収穫前日まで	2回以内
					●		●					●						収穫前日まで	3回以内
					●			●		●						●		(土壌くん蒸剤)	1回
							●							●				収穫前日まで	3回以内
							●											収穫7日前まで	2回以内
							●											収穫3日前まで	2回以内
								●			●						●	(土壌くん蒸剤)	1回
								●			●							(土壌くん蒸剤)	1回
								●										(土壌くん蒸剤)	1回
								●										(土壌くん蒸剤)	1回
										●		●						収穫3日前まで	1回
											●							収穫前日まで	3回以内
											●							収穫前日まで	3回以内
												●						収穫前日まで	3回以内
												●						収穫前日まで	2回以内
													●					(土壌くん蒸剤)	1回
														●			●	収穫前日まで	3回以内
														●				収穫前日まで	2回以内
														●				収穫前日まで	3回以内
														●				収穫前日まで	3回以内
														●				発生初期	–
															●			収穫前日まで	2回以内
															●			収穫前日まで	2回以内
																	●	収穫前日まで	3回以内
																	●	収穫前日まで	3回以内
																	●	収穫前日まで	3回以内

農薬だけを掲載しています。農薬使用にあたっては必ず最新の防除情報とラベルを確認してください。

アスパラガスに登録がある殺虫剤* （2019年2月現在）

農薬名	一般名	RACコード／系統 →RACコードが同じものは連用を避ける
モスピラン水溶剤	アセタミプリド水溶剤	4A／ネオニコチノイド
モスピラン顆粒水溶剤	アセタミプリド水溶剤	4A／ネオニコチノイド
モベントフロアブル	スピロテトラマト水和剤	23／テトロン酸・テトラミン酸誘導体
ディアナSC	スピネトラム水和剤	5／スピノシン
カスケード乳剤	フルフェノクスロン乳剤	15／ベンゾイル尿素
アルバリン顆粒水溶剤	ジノテフラン水溶剤	4A／ネオニコチノイド
オールスタースプレー	ジノテフラン液剤	4A／ネオニコチノイド
スタークル顆粒水溶剤	ジノテフラン水溶剤	4A／ネオニコチノイド
モスピランSL液剤	アセタミプリド液剤	4A／ネオニコチノイド
アドマイヤーフロアブル	イミダクロプリド水和剤	4A／ネオニコチノイド
アドマイヤー顆粒水和剤	イミダクロプリド水和剤	4A／ネオニコチノイド
モスピランジェット	アセタミプリドくん煙剤	4A／ネオニコチノイド
スピノエース顆粒水和剤	スピノサド水和剤	5／スピノシン
アーデント水和剤	アクリナトリン水和剤	3A／ピレスロイド
ダントツ水溶剤	クロチアニジン水溶剤	4A／ネオニコチノイド
ベニカ水溶剤	クロチアニジン水溶剤	4A／ネオニコチノイド
アディオン乳剤	ペルメトリン乳剤	3A／ピレスロイド
ベニカベジフル乳剤	ペルメトリン乳剤	3A／ピレスロイド
ハチハチフロアブル	トルフェンピラド水和剤	21A／METI　F：39／ピラゾールカルボキサミド
ウララDF	フロニカミド水和剤	29／フロニカミド
コテツフロアブル	クロルフェナピル水和剤	13／クロルフェナピル
プレオフロアブル	ピリダリル水和剤	UN／ピリダリル
フェニックス顆粒水和剤	フルベンジアミド水和剤	28／ジアミド
アファーム乳剤	エマメクチン安息香酸塩乳剤	6／マクロライド
カウンター乳剤	ノバルロン乳剤	15／ベンゾイル尿素
コルト顆粒水和剤	ピリフルキナゾン水和剤	9B／ピリフルキナゾン
クロールピクリン	クロルピクリンくん蒸剤	8／その他
アニキ乳剤	レピメクチン乳剤	6／マクロライド
ベストガード水溶剤	ニテンピラム水溶剤	4A／ネオニコチノイド
アクテリック乳剤	ピリミホスメチル乳剤	1B／有機リン
エルサン乳剤	PAP乳剤	1B／有機リン
クロピク80	クロルピクリンくん蒸剤	8／その他
ドジョウピクリン	クロルピクリンくん蒸剤	8／その他
ドロクロール	クロルピクリンくん蒸剤	8／その他
クロルピクリン錠剤	クロルピクリンくん蒸剤	8／その他
ランネート45DF	メソミル水和剤	1A／カーバメート
ガードベイトA	ペルメトリン粒剤	3A／ピレスロイド
ネキリベイト	ペルメトリン粒剤	3A／ピレスロイド
野菜ひろばN	ペルメトリン粒剤	3A／ピレスロイド
アクタラ顆粒水溶剤	チアメトキサム水溶剤	4A／ネオニコチノイド
リーフガード顆粒水和剤	チオシクラム水和剤	14／ネライストキシン類縁体
クロピクフロー	クロルピクリンくん蒸剤	8／その他
アディオンフロアブル	ペルメトリン水和剤	3A／ピレスロイド
ノーモルト乳剤	テフルベンズロン乳剤	15／ベンゾイル尿素
アクセルフロアブル	メタフルミゾン水和剤	22B／メタフルミゾン
アクセルベイト	メタフルミゾン粒剤	22B／メタフルミゾン
プレバソンフロアブル5	クロラントラニリプロール水和剤	28／ジアミド
ハスモン天敵	ハスモンヨトウ核多角体病ウイルス水和剤	微生物農薬
コロマイト乳剤	ミルベメクチン乳剤	6／マクロライド
ダニサラバフロアブル	シフルメトフェン水和剤	25／βケトニトリル誘導体
アグロスリン乳剤	シペルメトリン乳剤	3A／ピレスロイド
ゲットアウトWDG	シペルメトリン水和剤	3A／ピレスロイド
スカウトフロアブル	トラロメトリン水和剤	3A／ピレスロイド
ベニカS乳剤	ペルメトリン乳剤	3A／ピレスロイド

* アスパラガスには「野菜類」に登録がある農薬も使えますが，本表では登録作物名が「アスパラガス」となっている

著者略歴

元木　悟（もとき　さとる）

1967年長野県生まれ。筑波大学卒業後、長野県下伊那農業改良普及センター、中信農業試験場、野菜花き試験場を経て、現在は明治大学農学部准教授。野菜類の生理・生態解明、安定生産技術・作型の開発、軽労働・省力的な技術体系確立などを研究。著書は『アスパラガスの絵本』、『アスパラガスの作業便利帳』、『アスパラガス高品質多収技術』、『世界と日本のアスパラガス』他多数。

アスパラガス採りっきり栽培

小さく稼ぐ新技術

2019年3月10日　第1刷発行

著　者　元木　悟

発行所　一般社団法人　農山漁村文化協会

〒107-8668　東京都港区赤坂7丁目6－1

電話　03(3585)1142(営業)　03(3585)1147(編集)

FAX　03(3585)3668　振替　00120-3-144478

URL　http://www.ruralnet.or.jp/

ISBN978-4-540-18171-9　DTP制作／㈱農文協プロダクション

〈検印廃止〉　印刷・製本／凸版印刷㈱

定価はカバーに表示

乱丁・落丁本はお取り替えいたします。